智能制造工程师系列

智能电气设计

EPLAN

主　编　陈慧敏　张　静

副主编　于福华　段晓亮　李俊粉

参　编　魏仁胜　熊国灿　杨　军　孟淑丽

机械工业出版社

本书以实际项目——物流传输系统电气工程案例为载体，通过工程项目的实施，引导学习者可以深入浅出地理解从基于 EPLAN Electric P8 的项目规划、原理图绘制、面向对象设计、安装板布局、报表生成的 2D 电气设计，到基于 EPLAN Pro Panel 面向电气制造的 3D 布局，它可以帮助学习者完整实现从电气设计绘图到指定制造文件输出。从理论意义上来说，学习者通过本书的学习，对 EPLAN 软件的设计思想、数据结构、功能和特性、设计图样最终呈现工程效果将会有清晰的理解，为实际应用先进的电气工程设计理念和方法、快速设计原理图、生成表格文件、管理工程项目带来帮助。

本书电气设计实战性强、注重工程应用、强调务实操作，可作为高职院校电气自动化技术、机电一体化技术、机械制造与自动化等相关专业的教材，也可供工程技术人员自学或培训使用。

本书配有教学视频（扫描书中二维码直接观看）及电子课件等教学资源，需要配套资源的教师可登录机械工业出版社教育服务网 www.cmpedu.com 免费注册后下载。

图书在版编目（CIP）数据

智能电气设计 EPLAN/陈慧敏，张静主编. —北京：机械工业出版社，2022.5
（2025.1 重印）
（智能制造工程师系列）
ISBN 978-7-111-70693-9

Ⅰ.①智… Ⅱ.①陈…②张… Ⅲ.①电气设备-计算机辅助设计-应用软件-高等职业教育-教材 Ⅳ.①TM02-39

中国版本图书馆 CIP 数据核字（2022）第 076304 号

机械工业出版社（北京市百万庄大街 22 号 邮政编码 100037）
策划编辑：罗 莉 责任编辑：罗 莉
责任校对：陈 越 刘雅娜 封面设计：鞠 杨
责任印制：郜 敏
三河市骏杰印刷有限公司印刷
2025 年 1 月第 1 版第 9 次印刷
184mm×260mm·18.75 印张·7 插页·460 千字
标准书号：ISBN 978-7-111-70693-9
定价：68.00 元

电话服务 网络服务
客服电话：010-88361066 机 工 官 网：www.cmpbook.com
　　　　　010-88379833 机 工 官 博：weibo.com/cmp1952
　　　　　010-68326294 金 书 网：www.golden-book.com
封底无防伪标均为盗版 机工教育服务网：www.cmpedu.com

前　言

　　EPLAN 软件是一款针对电气和自动化行业以及其他行业电气部分的设计软件，应用极其广泛，在全球范围内有较高的市场占有率。作为一款专业的电气设计软件，EPLAN 能够大幅度提高电气设计的效率和标准化程度。但 EPLAN 软件在线帮助文档比较晦涩，对于初学者有一定的难度。

　　本书注重工程应用，强调务实操作，以物流传输系统电气工程作为设计对象，以 EPLAN Electric P8 和 EPLAN Pro Panel 为工具，通过 4 个项目 26 个任务，从基于 EPLAN Electric P8 的项目规划、原理图绘制、面向对象设计、安装板布局、报表生成的 2D 电气设计，到基于 EPLAN Pro Panel 面向电气制造的 3D 布局，完整介绍了项目准备、电气原理图绘制、3D 布局设计、项目导出，实现物流传输系统从电气设计环节到指定制造文件输出。各项目叙述详细、全面、易懂并配有相应的技能操作视频，帮助学习者从零开始学习。从理论意义上来说，学习者通过本书的学习，对 EPLAN 软件的设计思想、数据结构、功能和特性、设计图样最终呈现工程效果将会有清晰的理解，为实际应用先进的电气工程设计理念和方法、快速设计原理图、生成表格文件、管理工程项目带来帮助。

　　本书依据职业教育倡导的"基于工作过程"的课程设计理念，选择市场迫切需求的、具备前瞻性的专业电气设计软件 EPLAN 为电气设计工具，在内容设计上，引入了企业真实的项目案例，又在项目案例的基础上进行了调整，使其具备一定的趣味性、可视性，并尽可能包含常用电气元器件，让其更符合职业院校学生和初学者的学习成长规律，提升学习者的学习兴趣；在内容组织上，以一个完整的项目为基础，基于工作流程，遵循学习者能力培养的基本规律，将知识点碎片化、工程案例任务化、教学任务情景化、任务内容单元化、教学资源信息化，制作了一系列微课教学视频，辅助理论教学和实践指导，易于实现线上线下的混合式教学模式。因此本书非常适合职业院校电气自动化技术、机电一体化技术、机械制造与自动化等相关专业师生使用，同时，本书也能帮助电气设计相关从业人员快速掌握使用 EPLAN 软件的技能和技巧，可作为相关工程技术人员岗前培训或初学者的自学用书。

　　本书由北京经济管理职业学院陈慧敏、防灾科技学院张静任主编，北京经济管理职业学院于福华、段晓亮、李俊粉任副主编，参加编写工作的还有魏仁胜、熊国灿、杨军、孟淑丽。

　　在本书的编写过程中，参阅了相关的资料和书籍，还吸纳了典型工业用户的实际工程案例等，本书的出版得到了北京经济管理职业学院人工智能学院等单位的大力支持和帮助，在此一并致谢！

　　由于编者水平有限，书中缺点和错误在所难免，恳请各位同仁、专家及读者不吝指教，在使用过程中提出宝贵意见。

作　者

扫码看视频清单

名称	二维码	名称	二维码
项目一 项目准备 任务一 软件安装		项目二 电气原理图绘制 任务五 继电器控制回路绘制	
项目一 项目准备 任务二 新建项目		项目二 电气原理图绘制 任务六 PLC 供电电路绘制	
项目一 项目准备 任务三 新建页和制作图框		项目二 电气原理图绘制 任务七 PLC 连接点放置	
项目一 项目准备 任务四 个人部件库的创建		项目二 电气原理图绘制 任务八 PLC 数字量输入电路绘制	
项目二 电气原理图绘制 任务一 总电源电路绘制		项目二 电气原理图绘制 任务九 PLC 数字量输出电路绘制	
项目二 电气原理图绘制 任务二 电机正反转主电路绘制		项目二 电气原理图绘制 任务十 HMI 电源电路绘制	
项目二 电气原理图绘制 任务三 变频器控制回路绘制		项目二 电气原理图绘制 任务十一 导线颜色和线径确定	
项目二 电气原理图绘制 任务四 直流电源电路绘制		项目二 电气原理图绘制 任务十二 导线编号和命名	

（续）

名称	二维码	名称	二维码
项目三　3D 布局设计　任务一 创建线槽和导轨		项目三　3D 布局设计　任务六 3D 宏部件制作	
项目三　3D 布局设计　任务二 安装板设备安装		项目四　项目导出　任务一 报表生成	
项目三　3D 布局设计　任务三 安装板 3D 布线		项目四　项目导出　任务二 模型视图	
项目三　3D 布局设计　任务四 配电柜门设备安装及布线		项目四　项目导出　任务三 标签制作	
项目三　3D 布局设计　任务五 槽满率显示		项目四　项目导出　任务四 封面和目录制作	

目 录

任务一　软件安装

【任务描述】

完成 EPLAN Electric P8 2.7 软件安装。

【相关知识】

EPLAN 软件是一款针对电气和自动化行业以及其他行业电气部分的设计软件,应用极其广泛。

一、EPLAN 的主要特点

1. EPLAN 软件是一个高效的绘图软件

- 它提供不同标准的符号库,让用户不必耗费精力去绘制代表部件的图形单元;
- 基于数据库的连接方式,让用户不用绘制导线便可实现部件的电气连接。

2. EPLAN 软件是一个高效的设计软件

- 部件信息来自部件库链接,让用户进行选型设计;
- 基于完整的设计信息,可以根据用户的使用要求,以表格、图标或者图形化的方式展示。

3. EPLAN 软件是一个高效的设计平台

- EPLAN 是电气领域中的计算机辅助工程(Computer Aided Engineering,CAE)软件,通过该软件可对电气产品或工程设计、分析、仿真、制造和数据管理的过程,进行辅助设计和管理;
- EPLAN 的平台是以 EPLAN Electric P8 电气设计为核心的平台,同时将液压、气动、工艺流程、仪表控制、柜体安装板三维布置仿真设计及制造等多种专业的设计和管理统一扩展到此平台上,实现了跨专业多领域的集成设计。

二、EPLAN Electric P8 2.7 的运行环境

1. 硬件要求

1)处理器:Intel Pentium D 及兼容,主频 3GHz 以上或 Intel Core 2 Duo 及兼容,主频 2.4GHz 以上等多核 CPU;

2)硬盘容量:500GB;

3)显卡:4GB 显存,3D 显示需要 ATI 或 Nvidia 图形显示卡,具有 OpenGL 驱动程序;

4)图形分辨率:分辨率为 1680×1050 的 16∶10 图像系统。

建议使用 Microsoft Windows 操作系统，服务器的网络传输速率为 1Gbit/s，客户端计算机的网络传输速率为 100Mbit/s，建议等待时间小于 1ms。

2. 软件安装环境的要求

EPLAN 平台现仅支持 64 位版本的 Microsoft 操作系统 Windows 7 和 Windows 8/8.1、Windows 10。所安装的 EPLAN 语言必须受操作系统支持。

由于 EPLAN 在部件、项目管理和词典的数据库使用的是 Access 数据库和 SQL 数据库，因此如果安装 64 位的软件，则要求同样安装 64 位的 Office 软件，如 Microsoft Office 2010（64 位）或 Microsoft Office 2013（64 位）。

安装 EPLAN 时，同样要求安装 Microsoft. net Framework 4.5.2 和 Microsoft Core XML Service（MSXML）6.0。如果这些内容不一致，在安装时会有报错提示。

【技能操作】

（1）找到程序安装包，双击其 setup. exe 文件，进行软件安装，如图 1-1-1 所示。

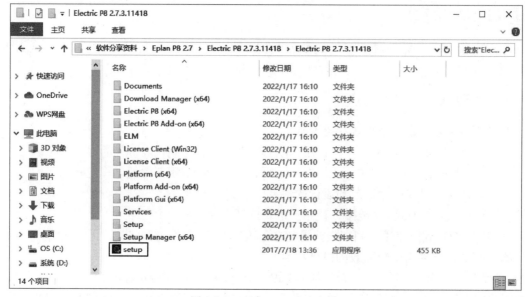

图 1-1-1　双击 setup. exe 文件

（2）进入程序对话框窗口，软件默认可用程序为 Electric P8（x64），安装程序主要取决于安装包的产品类型及安装位数。如果当前安装包只是一个电气 64 位安装包，那么软件默认只安装 64 位电气产品，单击"继续"，如图 1-1-2 所示。

（3）勾选"我接受该许可证协议中的条款"，然后单击"继续"，如图 1-1-3 所示。

（4）分别修改程序目录、EPLAN 原始主数据、系统主数据、用户设置、工作站设置和公司设置所有项目的安装路径，建议安装在除 C 盘以外的其他磁盘，例如 D 盘，然后单击"继续"，如图 1-1-4 所示。

（5）单击"用户自定义安装"下拉菜单，查看"程序功能"是否全部选中，单击"安装"，如图 1-1-5 所示，开始进行软件安装。

（6）等待软件安装完成，单击"完成"，如图 1-1-6 所示，则完成了软件安装。

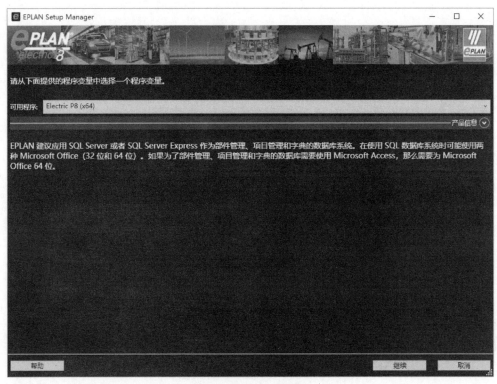

图 1-1-2 单击"继续"

图 1-1-3 勾选"我接受该许可证协议中的条款"

图 1-1-4　设置安装路径

图 1-1-5　用户自定义安装

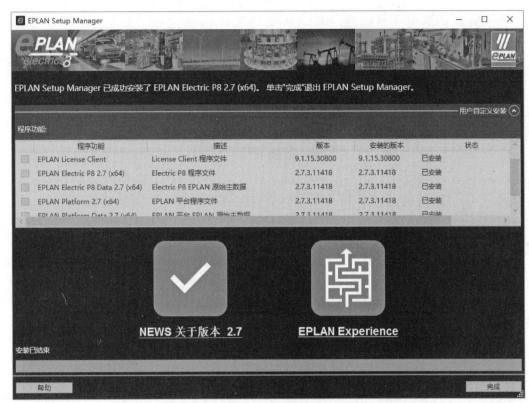

图 1-1-6　安装完成

任务二　新建项目

📑 【任务描述】

绘制一套图样，首先需要创建一个项目。创建项目是创建原理图页和绘制原理图内容的前提。

本任务要求完成三个子任务：

子任务一：创建项目（见表 1-2-1）

表 1-2-1　创建项目

项目名称	物流传输系统
保存位置	E:\物流项目
模板选择	IEC_tpl001
创建者	学习者

子任务二：编辑项目属性（见表 1-2-2）

表 1-2-2　编辑项目属性

项目描述	西门子工程师学院物流传输系统
项目编号	001
公司名称	北京经济管理职业学院
创建者：街道	京开高速北京大兴永定河桥南 800 米路东
创建者：邮政编码	102600
项目类型	原理图项目
项目负责人	CHM
安装地点	西门子工程师学院
审核人	张三

子任务三：设置项目结构（见表 1-2-3）

表 1-2-3　设置项目结构

高层代号	物流传输系统
位置代号	控制柜内
	控制柜外
文档类型	封面
	目录
	原理图
	报表
	安装布局图

【术语解释】

一、项目组成

常规的 EPLAN 项目由 *.edb 和 *.elk 组成。*.edb 是个文件夹，其内包含子文件夹，存放着该项目的项目数据；*.elk 是一个链接文件，当双击它时，会启动 EPLAN 并打开此项目。

二、原理图项目类型

原理图项目是一套完整的工程图形项目。在这个项目图样中包含电气原理图、单线图、总览图、安装板和自由绘图，同时还包含存入项目中的一些主数据（如符号、图框、表格、部件等）信息。

常规原理图项目可以分为不同的项目类型，每种类型的项目可以处在设计的不同阶段，有不同的含义，通过扩展名来表示：

　　*.elk：编辑的 EPLAN 项目；

　　*.ell：编辑的 EPLAN 项目，带有变化跟踪；

　　*.elp：压缩成包的 EPLAN 项目；

　　*.els：归档的 EPLAN 项目；

　　*.elx：归档并压缩成包的 EPLAN 项目；

　　*.elr：已关闭的 EPLAN 项目；

　　*.elt：临时的 EPLAN 项目。

　　图 1-2-1 所示为"打开项目"对话框，"文件类型"下拉列表显示打开项目时可供选择的原理图项目类型。

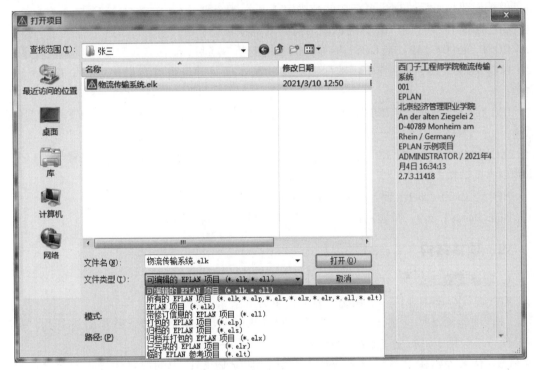

图 1-2-1　"打开项目"对话框

三、项目模版

　　EPLAN Electric P8 软件自带有两种格式的项目模板，即项目模板和基本项目模板，其扩展名为*.ept 和*.zw9。

　　项目模板是基于某种设计标准的空项目，内置了各类标准的主数据内容，属于项目的初始模板，选择项目模板新建的项目中没有项目页结构的显示。

　　GB_tpl001.ept：带 GB 标准（中国国家标准）标识结构的项目模板；

　　GOST_tpl001.ept：带 GOST 标准（俄罗斯电气标准）标识结构的项目模板；

　　IEC_tpl001.ept：带 IEC（国际电工委员会）标准标识结构的项目模板，并且带有高层代号和位置代号的页结构；

IEC_tpl002.ept：带 IEC 标准标识结构的项目模板，并且带有对象标识符和文档类型的页结构；

IEC_tpl003.ept：带 IEC 标准标识结构的项目模板，并且带有高层代号和位置代号以及文档类型的页结构；

NFPA_tpl001.ept：带 NFPA 标准（美国国家消防协会标准）标识结构的项目模板；

Num_tpl001.ept：带顺序编号的标识结构的项目模板。

基本项目模板是通过选择不同标准的项目模板设计完成一个项目后，在该项目中定义了用户数据、项目页结构、常用标准页、常用报表模板及其他自定义数据，然后将原理图样删除，只保存标准的预定义信息及自定义内容，将其保存为基本项目模板。基本项目模板中不仅包含各类标准的基本内容，还包括了用户自定义的相关数据及项目页结构内容。应用基本项目模板创建项目后，项目页结构就被固定了，不能修改。

GB_bas001.zw9：带 GB 标准标识结构的基本项目；

GOST_bas001.zw9：带 GOST 标准标识结构的基本项目；

IEC_bas001.zw9：带 IEC 标准标识结构的基本项目并且带有高层代号和位置代号的页结构；

IEC_bas002.zw9：带 IEC 标准标识结构的基本项目并且带有对象标识符和文档类型的页结构；

IEC_bas003.zw9：带 IEC 标准标识结构的基本项目并且带有高层代号和位置代号以及文档类型的页结构；

NFPA_bas001.zw9：带 NFPA 标准标识结构的基本项目；

Num_bas001.zw9：带顺序编号的标识结构的基本项目。

四、项目结构

1. 项目层级定义

电气设计标准中介绍一个系统主要从三个方面进行：

（1）功能面结构（显示系统的用途，对应 EPLAN 中高层代号，其前缀符号为"="，高层代号一般用于进行功能上的区分）；

（2）位置面结构（显示该系统位于何处，对应 EPLAN 中的位置代号，其前缀符号为"+"，位置代号一般用于设置元件的安装位置）；

（3）产品面结构（显示系统的构成类别，对应 EPLAN 中的设备标识，其前缀符号为"-"设备标识表明该元件属于哪一个类别，通常用于对部件和设备进行定义）。

2. 结构标识符管理

结构标识符管理用于对项目结构的标识或描述。EPLAN 除了给定的项目设备标识配置之外，还可以创建用户自定义的配置并用它来确定自己的项目结构。用户可以按照自己的设计要求应用结构标识配置页和设备名称等结构，结构标识可以是一个单独的标识或多个标识组成。

选择菜单栏中"项目数据"→"结构标识符管理"，弹出"标识符"对话框，可在该对话框中对标识符进行创建、修改、删除、查找和排序等操作和集中管理，如图 1-2-2 所示，显示高层代号、位置代号、文档类型三个选项组。

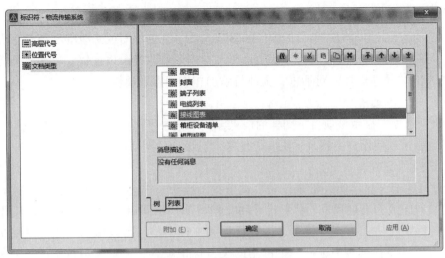

图 1-2-2 "标识符"对话框

五、项目属性

EPLAN 中的每个对象都会被赋予一个属性名称。对象可以分为不同类型，如项目、页、设备、表格、符号、功能、部件参考等，因而有不同类别的属性。属性除了属性名称外，还有一个内部编号与之对应，即属性编号。

项目属性是项目层级上的属性，可通过"项目"→"属性"打开"项目属性"对话框，如图 1-2-3 所示，在该对话框中检查所有记录，在项目中自动调节所有已更改的设备单个结构，并将可使用的设置导入到项目管理系统中。

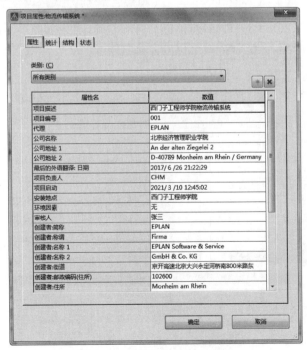

图 1-2-3 "项目属性"对话框

1. "属性"选项卡

"属性"选项卡显示当前项目的图样的参数属性。在要填写或修改的"属性名"对应的"数值"参数上双击选中要修改的参数后，在文本框中修改各个设定值。单击"新建"按钮，系统弹出"属性选择"对话框，为项目添加相应的参数属性。

2. "统计"选项卡

"统计"选项卡显示该项目下图样的信息，其中记录了电气原理图的参数信息和更新记录。这项功能可以使用户更系统、更有效地对自己设计的图样进行管理。

3. "结构"选项卡

"结构"选项卡显示页、常规设备、端子排、插头、黑盒、PLC 等对象的参考标识符。标识符的基本组成为高层代号、位置代号和文档类型，不同对象的标识符设置不同，例如，原理图页的标识符格式为高层代号、位置代号和文档类型。可以编辑页或设备结构的所有框，在"页"的下拉列表中选择一个可用的设备标识配置，选择标识符格式，一般情况下选择默认格式。

4. "状态"选项卡

"状态"选项卡显示当前项目文件下原理图中的运行信息：不同对象的版本、构件编号、检查配置、错误、警告、提示信息。

【技能操作】

一、创建项目

双击电脑桌面"EPLAN Electric P8 2.7（x64）"快捷方式，弹出"选择许可"窗口，选中"EPLAN Electric P8—Professional"，单击"确定"，如图 1-2-4 所示，打开软件。

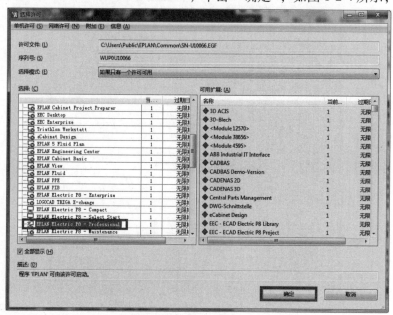

图 1-2-4 "选择许可"窗口

单击菜单："项目"→"新建"，如图 1-2-5 所示。

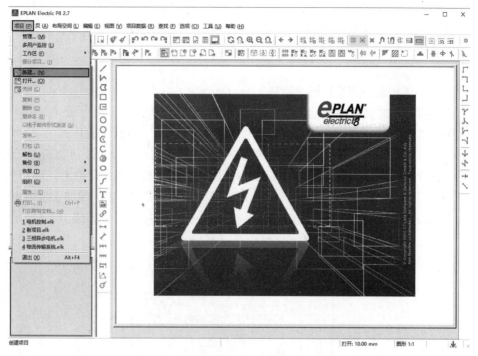

图 1-2-5 单击菜单："项目"→"新建"

弹出"创建项目"窗口，输入项目名称为"物流传输系统"；单击"保存位置"右侧的"…"按钮，修改保存位置为 E:\EPLAN，此处原保存位置默认为变量 $(MD_PROJECTS)，它指向【选项】>【设置】>【用户】>【管理】>【目录中的项目路径】；单击"模板"右侧的"…"按钮，选择项目模板 IEC_tpl001.ept；勾选创建日期和创建者，修改创建者的名字为"学习者"，单击"确定"，如图 1-2-6 所示，弹出"导入项目模板"，进行模板导入。

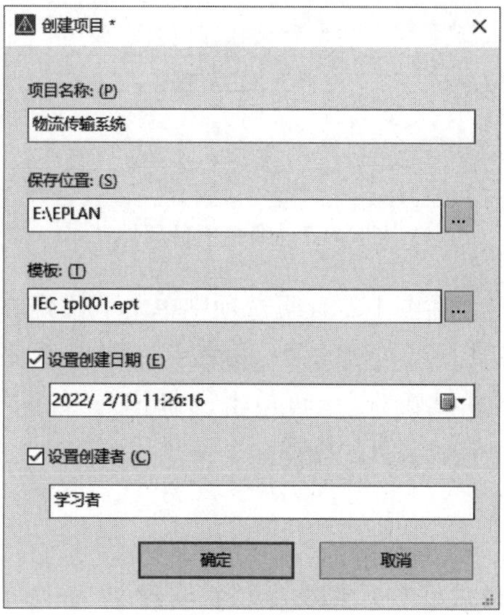

图 1-2-6 创建项目

二、编辑项目属性

1）在弹出的项目属性对话框中，选中"属性"选项卡，根据任务要求，修改：

项目描述为"西门子工程师学院物流传输系统"；

项目编号为"001"；

公司名称为"北京经济管理职业学院"；

创建者：街道为"京开高速北京大兴永定河桥南 800 米路东"；

创建者：邮政编码（住所）为"102600"；项目类型为"原理图项目"；

而关于项目负责人、安装地点和审核人，在目前的属性栏中没有，可以通过单击"新建"按钮，在弹出的"属性选择"窗口，在筛选器中查找项目负责人，单击"确定"，在属性中添加"项目负责人"项目，并将其设定为"CHM"；用同样方法，增加安装地点，并将其设定为"西门子工程师学院"；增加审核人，将其设定为"张三"，如图 1-2-7 所示。

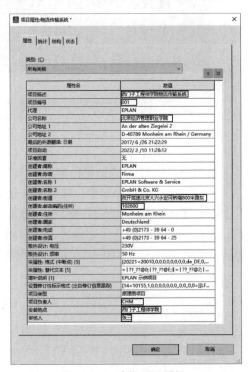

图 1-2-7　编辑项目属性

2）单击"结构"选项卡，在图 1-2-8a 页选项中单击下拉菜单选择"高层代号、位置代号和文档类型"，并单击常规流体设备右侧的"…"按钮，弹出"设备结构"窗口，将其中高层代号数设定为"不可用"，单击"确定"，再单击"确定"，如图 1-2-8b 所示，弹出"项目结构"对话框，单击"确定"，完成项目的创建。

三、设置项目结构

1）选择菜单栏中"项目数据"→"结构标识符管理"，如图 1-2-9 所示。

2）弹出"标识符"对话框，在左侧窗口有高层代号、位置代号和文档类型三层结构。

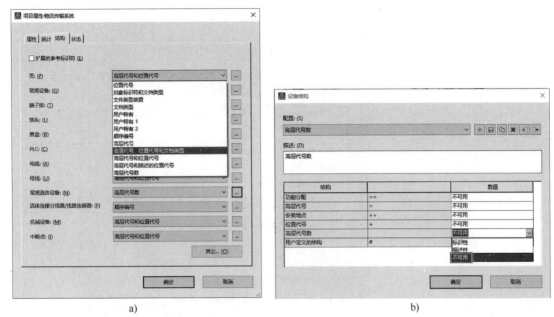

a)   b)

图 1-2-8 "项目结构"对话框

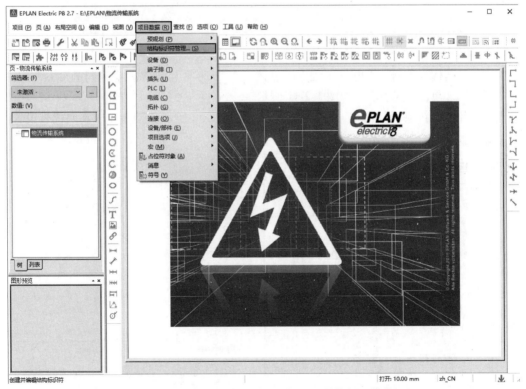

图 1-2-9 选择菜单栏中"项目数据"→"结构标识符管理"

选中"高层代号",并在其右侧窗口选中"列表",单击"新建",在"完整结构标识符"
列中输入"物流传输系统",单击"应用",弹出"设置:设备标识符语法检查"窗口,单击"设置",如图 1-2-10 所示。

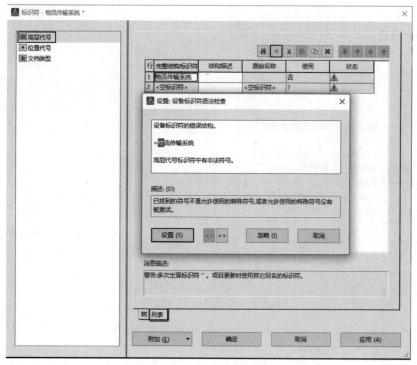

图 1-2-10　"标识符"对话框

3）将"结构标识符""电气工程""流体"三个选项卡的激活检验前的"√"去掉,单击"确定",单击"应用",如图 1-2-11 所示。

4）弹出"更新项目"窗口,单击"是",如图 1-2-12 所示,初步完成高层代号设置。

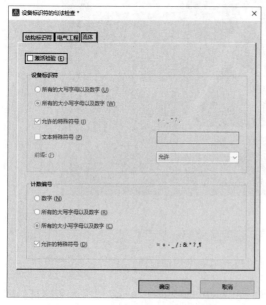

图 1-2-11　设置标识符的句法检查

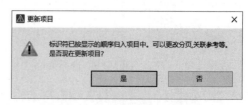

图 1-2-12　初步完成高层代号设置

5）在图 1-2-13 的左侧窗口选中"位置代号"，在右侧窗口单击"新建"，新建两行，在"完整结构标识符"列输入"控制柜内"和"控制柜外"，单击"应用"，弹出"更新项目"窗口，单击"是"，如图 1-2-13 所示，完成位置代号设置。

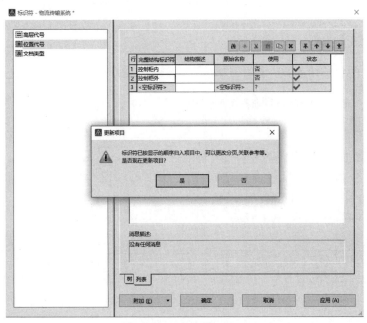

图 1-2-13　位置代号设置

6）在左侧窗口选中"文档类型"，在右侧窗口单击"新建"，新建 5 行，在"完整结构标识符"列输入"封面""目录""原理图""报表""安装布局图"，单击"确定"，弹出"更新项目"窗口，单击"是"，如图 1-2-14 所示，到此，项目结构设置完成。

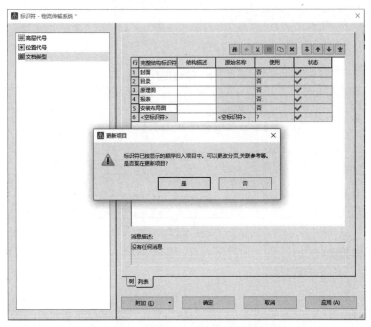

图 1-2-14　新建 5 行"完整结构标识符"

任务三　新建页和制作图框

【任务描述】

本任务包含两个子任务：

子任务一：制作一个 BIEM-A3 图框

具体要求：

图纸为 A3 图纸，尺寸为 420mm * 297mm。

图纸划分行号和列号，行号由数字构成，从 0 ~ 9，每行宽度为 42mm；列号由字母构成，从 A ~ F，每列高度为 46mm。

标题栏尺寸和信息如图 1-3-1 所示。

图 1-3-1　标题栏尺寸和信息

其中标题栏信息注意事项有：

图片为"北京经济管理职业学院 LOGO"，可从学习资源中下载备用；

红色字（标方框处）为特殊文本，黑色字为文本；

一般设定字号为 2.5mm，"项目名称"和"页描述"字号设定为 3.5mm。

子任务二：新建一个原理图页

具体要求：原题图页信息见表 1-3-1。

表 1-3-1　原理图页信息

页名称	主电路
高层代号	物流传输系统
位置代号	控制柜内
文档类型	原理图
页类型	多线原理图（交互式）
页图框	BIEM-A3 图框

【术语解释】

一、页

一个工程项目图样是由很多图样页组成的。典型的电气工程项目图样包含封面、目录表、电气原理图、安装板、端子图表、电缆图表等图样页。

（一）页类型

EPLAN 中含有多种类型的图样页，各种类型页的含义和用途不一样。为了便于区别，每种类型的页前都有不同图标以示不同。因为 EPLAN 是一个逻辑软件，可以区分逻辑图样和自由绘图图样。电气工程的逻辑图主要是单线原理图和多线原理图。自由图形和模型视图为非逻辑图，因为图样上都是图形信息，不包含任何逻辑信息。

按生成的方式分，EPLAN 中页的分类有两类，即手动（交互式）和自动。所谓交互式，即为手动绘制图样，设计者与计算机互动，根据工程经验和理论设计图样。另一类图样是根据评估逻辑图样生成的，这类图样称为自动式图样，端子图表、电缆图表及目录表都属于自动式。

在交互式页中有 11 种页类型，表 1-3-2 对页类型进行了简单的描述，图 1-3-2 所示的是页属性中的页类型。

表 1-3-2　页类型及功能描述

页类型	功能描述
安装板布局（交互式）	安装板布局图设计
单线原理图（交互式）	单线图是功能的总览，可与原理图相互转换、实时关联
多线原理图（交互式）	电气工程中的电路图
管道及仪表流程图（交互式）	仪表自控中的管道及仪表流程图
流体原理图（交互式）	流体工程中的原理图
模型视图（交互式）	基于布局空间 3D 模型生成的 2D 绘图
拓扑（交互式）	针对二维原理图中的布线路径网络设计
图形（交互式）	自由绘图，没有逻辑成分
外部文档（交互式）	可连接外部文档
预规划（交互式）	用于预规划模块中的图样页
总览（交互式）	功能的描述，对于 PLC 卡总览、插头总览等

（二）页导航器

页导航器可用于集中查看和编辑项目中的页及其属性。通过"页"→"导航器"，打开页导航器，在导航器内可以进行树结构和列表显示。图 1-3-3 所示的是打开的页导航器界面。

页导航器具有的功能如下：

1）显示所有的已打开项目，含有结构标识符和图样页；
2）通过筛选器可快速查找指定页，按指定规划限制显示；
3）页可以在图形编辑器中打开和显示；
4）创建、复制、删除页和为页重新编号；
5）查看和编辑页属性；
6）导入/导出页；
7）可以对单页或多个页进行备份、编号和打印等操作。

图 1-3-2　页的类型

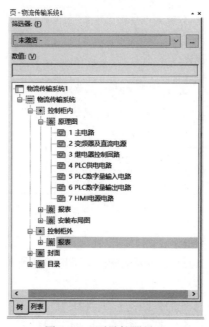

图 1-3-3　页导航器界面

二、页操作

（一）页创建

通过"页"→"新建"，或者在页导航器中单击鼠标右键选择"新建"，如果在页导航器中选中一页新建，该页的属性将被传递到新建页中；如果选中一个结构新建页，新的页将建立在此结构下。"新建页"窗口如图 1-3-4 所示。

图 1-3-4 "新建页"窗口

单击"清空文本框"，将清除新建页数字字段的内容，保留当前所选页类型、建议的完整页名及从图框提取出的比例和栅格信息。单击"完整页名"右侧拓展按钮"…"，弹出"完整页名"窗口，如图 1-3-5 所示，选取结构标识符（此标识符已经在结构标识符管理中定义）。在"页描述"中，输入此页的描述，最终单击"确定"，完成页的创建。

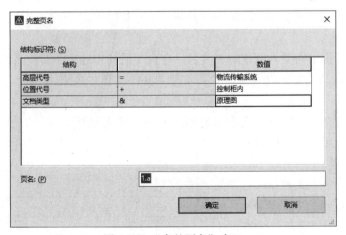

图 1-3-5 "完整页名"窗口

（二）页打开

在页导航器中双击选择要打开的页，或在页导航器中选中要打开的页，单击鼠标右键→"打开"，页被打开并在图形编辑器中显示。

页名显示在图形编辑器下面的"工作簿"标签上（通过"视图"→"工作簿"激活），当打开第二页时，本页在图形编辑器上显示，同时第一页自动关闭。

在页导航器中单击鼠标右键选择"在新窗口中打开",选择的页在图形编辑器中打开,页名显示在"工作簿"标签上,通过单击这些标签,快速切换打开的图样页面。图 1-3-6 所示的是打开的两张图样页及工作簿。

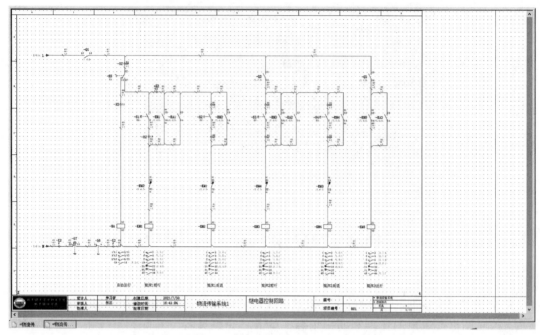

图 1-3-6　图形编辑器中的工作簿

(三)页的操作

页的操作有页的改名、删除、保存、复制、编号和排序。

1. 页改名

通常在设计过程中需要为创建的页改名。在页导航器中选中需要改名的页,单击鼠标右键→"重命名",在高亮处更改页名。注意区别"页名"和"页描述"。

2. 页删除

页删除是通过在页导航器中选中需要删除的页,单击鼠标右键→"删除"或者按"Delete",经过确认,可在项目中删除页。

3. 页保存

EPLAN 是一个在线的数据库,当关闭项目或者切换页的时候,EPLAN 页会自动保存,因为无须"保存"按钮。

4. 页复制

页的复制是通过在页导航器中选中需要复制的页,单击鼠标右键→"复制",再单击鼠标右键→"粘贴",弹出"调整结构"窗口,可调整源和目标的结构标识符。如果没有进行结构标识符

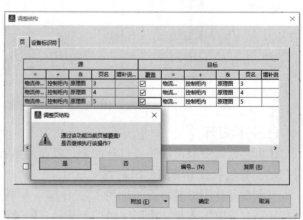

图 1-3-7　页复制中的结构调整

调整，将在目标页中创建和源页中相同的结构标识符。如果在目标页具有相同的页名，并选择覆盖，将会弹出提示窗口，回答"是"，将覆盖；回答"否"，将返回"调整结构"窗口，如图 1-3-7 所示。

如果存在多页复制时，可以选择"编号"按钮，对复制页进行重新编号。

也可以在不同项目中进行页的复制，单击"页"→"复制从/到"，在"复制页"窗口中源项目和目标项目以树结构显示。初始状态下，当前的项目显示在窗口的两侧，因为在大多数的情况下，复制页的操作是在同一个项目下进行的。图 1-3-8 所示的是不同项目中页的复制。

单击"选定的项目"右侧拓展按钮，打开"项目选择"窗口选定要复制页的源项目；在"当前项目"中，选择页要被复制到的目标项目，目标项目必须在页导航器中打开。若有必要，可以设置筛选器来快速查找想要的页。

"属性"标签显示选择页的属性。通常，第一个选择的页属性显示在这里。

"预览"选择如果被激活，会在图形预览中显示第一个被选页的预览。

通过"向右移动"箭头，可将在左侧窗口选择的想要复制的页，粘贴到右侧窗口的目标项目中。

5. 页编号

页编号可以对项目中的页进行重新编号，因此项目中的页得到重新命名和移动。单击"页"→"编号"，或在页导航器中单击鼠标右键，在弹出菜单中选择"编号"，弹出"给页编号"窗口，在"起始号"输入起始的页号，增量中输入"1"，如果想要对整个项目进行编号，激活"应用到整个项目"，否则只对所选的范围进行编号。页的编号如图 1-3-9 所示。

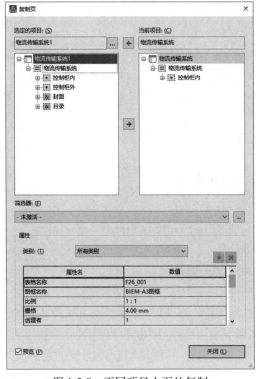

图 1-3-8　不同项目中页的复制

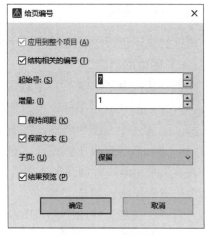

图 1-3-9　页的编号

关于子页的命名有三种方式："保留"是指当前的子页形式保持不变；"从头到尾编号"是指子页用起始值为1，增量为1进行重新编号；"转换为主页"是指子页转换为主页并重新编号。

6. 页排序

在页导航器列表显示中，可以进行手动页排序。为了使页排序能够正常应用，必须在路径"选项"→"设置"→"项目名称"→"管理"→"页"，激活"手动页排序"。手动排序仅影响列表显示，不影响树结构显示。

在页导航器"列表"显示中，单击鼠标右键选择"手动页排序"，将弹出"手动页排序"窗口，如图1-3-10所示。通过"上移""下移"等按钮进行排序。

行	高层代号	位置代号	页名	页类型	增补说明:页码	页描述	最后修订者:登..	图号
1	物流传输系统	控制柜内	1	多线原理图		主电路	1	
2	物流传输系统	控制柜内	2	多线原理图		变频器及直流电源	1	
3	物流传输系统	控制柜内	3	多线原理图		继电器控制回路	1	
4	物流传输系统	控制柜内	4	多线原理图		PLC供电电路	1	
5	物流传输系统	控制柜内	5	多线原理图		PLC数字量输入电路	1	
6	物流传输系统	控制柜内	6	多线原理图		PLC数字量输出电路	1	
7	物流传输系统	控制柜内	7	多线原理图		HMI电源电路	1	

图 1-3-10 "手动页排序"窗口

例如，将第7页"HMI电源电路"移动到第1页"主电路"后面，单击"确定"。在页的"列表"显示中，原来的第7页移动到第2页，然后，单击"右键"→"编号"，勾选"应用到整个项目"，起始号为"1"，增量为"1"，重新编号，这样，页导航器"树"结构显示中，就显示重新编排好的顺序。

三、图框编辑

图框的编辑包括图框的创建、行列的设置、文本的输入。

（一）图框的创建

单击工具栏中"工具"→"主数据"→"图框"创建图框。创建图框有3种方式：

（1）复制软件自带图框模板，修改模板图框外形；

（2）新建一个全新的图框，添加图框属性及绘制图框外形；

（3）复制软件自带图框模板，删掉模板图框外形，导入CAD图框外形。

在这里采用第一种创建图框方式。弹出"复制图框"窗口，选择保存在 EPLAN 默认数据库中的图框模板，勾选"预览"复选框，在预览框中显示图框的预览图形及提示信息，单击"打开"按钮，弹出"创建图框"窗口，在"文件名"栏填写新建图框的名称，单击"保存"按钮，在页导航器中显示新建的图框名称，在图形编辑器中显示图框外形及相关属性，并自动进入图框编辑环境。

（二）行列的设置

1. 行边框绘制

单击"图形"工具栏中的"线性尺寸"按钮，测量相关尺寸，如图 1-3-11 所示，可知边框间距为"5mm"，标题栏的宽度为"16mm"，图样的左下角为坐标原点。通过计算，可定义行边框边线的起点坐标 X＝5，Y＝16+276＝292，即坐标（5 292），通过选中"图形"工具栏中的"直线"命令，并通过键盘输入坐标数值，确定起点；拉出直线，确定终点相对坐标为（0 -276），绘制行边框边线。

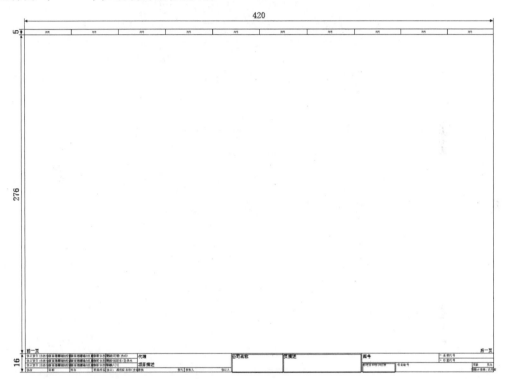

图 1-3-11　新建图框的尺寸

2. 图框属性设置

在页导航器中选中新建图框，单击鼠标右键→"属性"，弹出"图框属性"界面，可以看到图框的相关属性信息，通过单击"新建"按钮，弹出"属性选择"窗口，可以选择需要的属性进行相关设置。

根据图框的尺寸，计算每列的"列宽"为 420mm/10＝42mm，每行的"行高"为 276mm/6＝46mm。在图框属性，设定"列数"为"10"，"行数"为"6"，每个"列宽"数值中填入"42mm"，每个"行高"数值中填入"46mm"，设定"设置列编号格式"为"数字"，"设置行编号格式"为"字母数字"，"起始值（列）"为"0"，"起始值（行）"为"0"，如图 1-3-12 所示，单击"确定"，完成图框属性设置。

3. 行间隔绘制

单击菜单栏"视图"→"路径"命令，打开路径，在图框中显示行与列，如图 1-3-13 所示，开启"栅格"以及选中"栅格 A"，再利用"直线"命令，进行行间隔绘制。

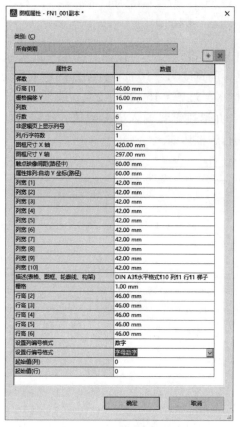

图 1-3-12　图框属性设置

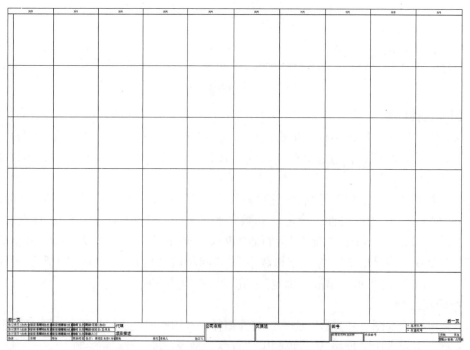

图 1-3-13　显示行与列的图框

（三）文本的输入

图框顶部每一列显示列号，为"列文本"；每一行显示行号，为"行文本"；底部标题栏显示的图框信息文本还根据信息分为普通文本、项目属性文本、页属性文本等，均需要进行编辑。

1. 行文本和列文本

单击菜单栏中"插入"→"特殊文本"→"列文本/行文本"命令，在图样中添加"列文本"和"行文本"。再选择"工具"→"重新放置列文本和行文本"命令，快速将所有的列、行文本一次自动放置在图框列行中，分别框选列号和行号，将其移动到图框的合适位置。

2. 普通文本

单击菜单栏中"插入"→"图形"→"文本"命令，或者单击"图形"工具栏中的"文本"按钮，打开"属性（文本）"窗口，如图 1-3-14 所示，输入相应的文本。

图 1-3-14　普通文本

3. 特殊文本

单击菜单栏中"插入"→"特殊文本"→"项目属性/页属性"命令，选择不同的命令，分别插入不同属性的文本。

【技能操作】

一、制作图框

1. 创建图框

步骤一：单击"工具"→"主数据"→"图框"→"复制"，如图 1-3-15 所示。

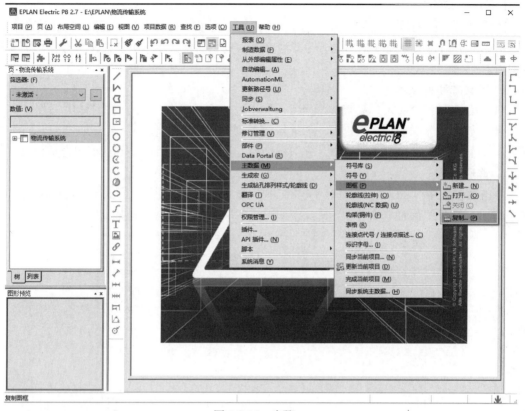

图 1-3-15 步骤一

步骤二：弹出"复制图框"窗口，如图 1-3-16a 所示，在默认路径中，选中 FN1_001，单击"打开"，弹出"创建图框"窗口，在文件名中输入"BIEM-A3"，单击"保存"，如图 1-3-16b 所示，完成图框的初步绘制。从图 1-3-17 上可以看出，该图框的列边框已经绘制完成，现在需要绘制行边框。

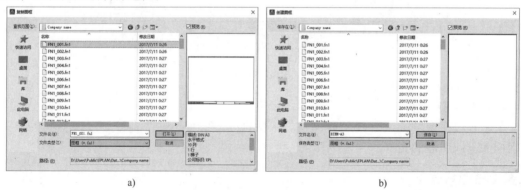

a)   b)

图 1-3-16 步骤二

2. 绘制行边框

步骤一：在绘图栏中，选中"直线"命令，通过键盘输入（5 292），如图 1-3-18 所示，回车，确定直线起点，通过键盘输入（0 −276），回车，确定直线终点，完成行边框的边线

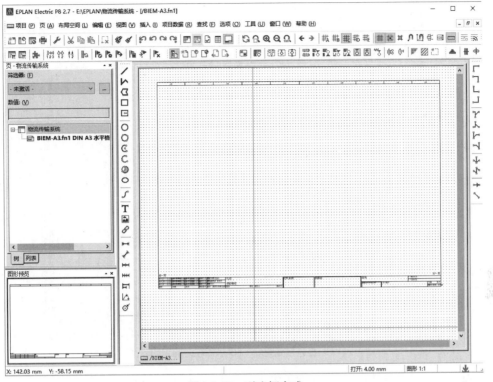

图 1-3-17 列边框完成

绘制，如图 1-3-19 所示。

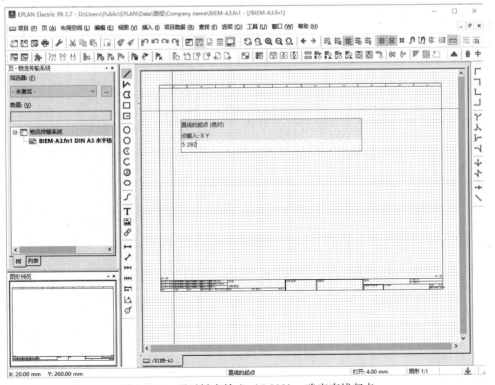

图 1-3-18 通过键盘输入（5 292），确定直线起点

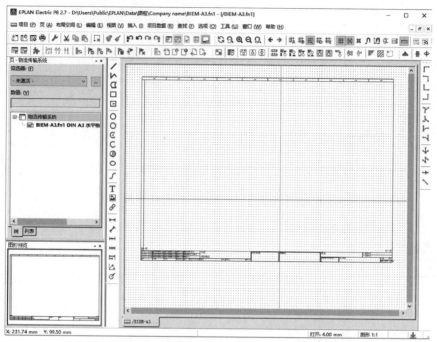

图 1-3-19　通过键盘输入（0 −276），确定直线终点

步骤二：在页导航器中，选中"BIEM-A3 图框"，单击鼠标右键→"属性"，弹出"图框属性"窗口，从该属性中确定列宽、行高等信息。从目前属性信息可看出列宽为 42mm，但缺少"行高 [2]"~"行高 [6]"，以及行列编号格式、起始值等信息。可单击"新建"，弹出"属性选择"，选中"行高 [2]"~"行高 [6]"等选项，单击"确定"，设定各行高的数值均为"46mm"；同样的操作，添加"设置列编号格式""设置行编号格式""起始值（列）""起始值（行）"，并设定"设置列编号格式"的值为"数字"、"设置行编号格式"的值为"字母数字"、"起始值（列）"的值为"0"、"起始值（行）"的值为"0"，单击"确定"。完成行、列边框属性设置，如图 1-3-20 所示。

步骤三：单击"视图"，选中"路径"，右侧窗口显示行和列的路径，如图 1-3-21 所示，在对应的路径行上，利用"直线"命令，可绘制行间隔，因无法捕捉对应直线的起点和终点，开启"栅格"以及选中"栅格 A"，如图 1-3-22 所示，然后绘制行间隔。再单击"视图"，取消"路径"，取消右侧窗口行和列路径显示，完成行

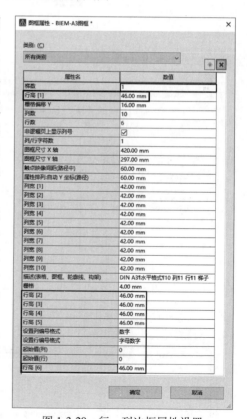

图 1-3-20　行、列边框属性设置

间距绘制，如图1-3-23所示。

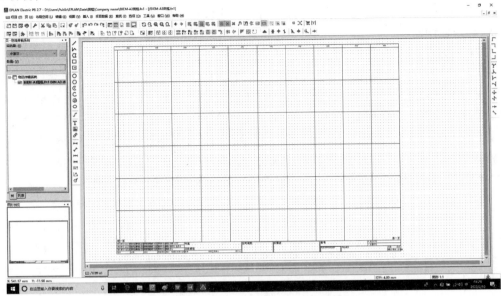

图 1-3-21　显示行和列的路径

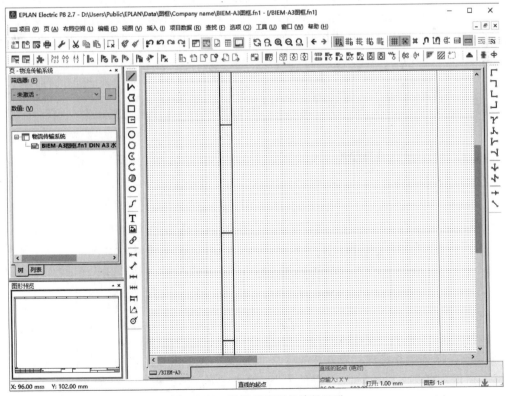

图 1-3-22　选中"栅格 A"

图 1-3-23　取消行和列的路径显示

步骤四：单击"插入"→"特殊文本"→"行文本"，修改字号为"1.5mm"，单击"确定"，在对应行中间位置，单击鼠标，插入行号，完成行号添加。

3. 标题栏绘制

步骤一：删除原有标题栏中的内容，适当保留部分内容，利用"直线"命令按照任务要求所示尺寸，绘制相应的标题栏；首先可利用连续标注尺寸按照要求标注相关尺寸，在绘图栏中选中连续标注尺寸命令，通过键盘输入（0 0），回车；（57 0），回车；单击鼠标，确定位置，再输入（30 0），回车；（30 0），回车；（30 0），回车；（30 0），回车；（63 0），回车；（70 0），回车；（30 0），回车；（30 0），回车；（18 0），回车；（32 0），回车；按下键盘的 ESC 键，退出命令。再利用直线命令，在尺寸所在位置绘制相应的竖线。同样的方法，绘制标题栏的横线。绘制完成后，删除所有的标注，如图 1-3-24 所示。

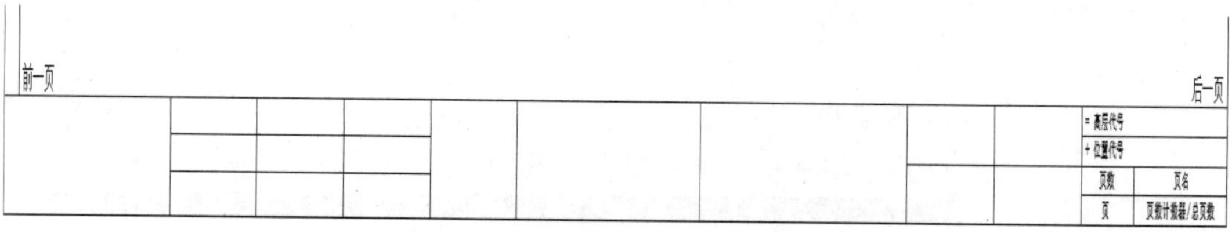

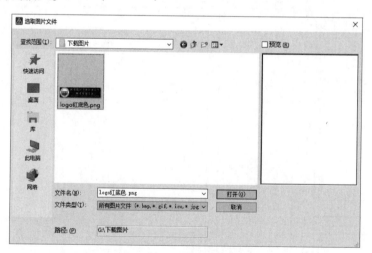

图 1-3-24 标题栏绘制

步骤二：单击"插入"→"图形"→"图片文件"，弹出"选取图片文件"窗口，选中已下载好的 LOGO 图片，单击"打开"，如图 1-3-25 所示；弹出"复制图片文件"窗口，选中"复制"，单击"确定"，如图 1-3-26 所示；在插入图片的位置，单击鼠标，确定插入起点，拖拽鼠标，单击鼠标确定插入终点，弹出"属性"窗口，去掉保持纵横比前的"√"，单击"确定"，如图 1-3-27 所示，选中图片，通过拖拽鼠标，可以随意调整插入图片的大小，完成标题栏中图片的插入。

图 1-3-25 选取图片文件

步骤三：根据任务要求，插入相应（黑色）文本，单击绘图栏中"文本"命令，弹出"属性"窗口，在文本栏中输入"设计人"，单击"确定"，根据任务要求，在合适位置，插入文本；位置插入完成后，分别修改文本为"审核人""批准人""创建日期""修改时间""批准日期""图号""项目编号";再通过鼠标拖拽,调整"页数""页""页名""页数计数器/总页数"的位置,如图 1-3-28 所示。

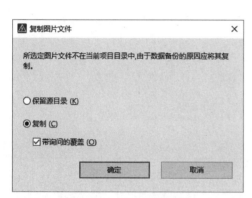

图 1-3-26 复制图片文件

图 1-3-27 设置图片文件属性

图 1-3-28 插入相应文本

步骤四:根据任务要求,插入相应(红色)特殊文本,单击"插入"→"特殊文本"→"项目属性",弹出"属性"窗口,单击属性右侧的拓展按钮,通过筛选器查找"创建者",选中"创建者",单击"确定",再单击"确定",在合适的位置插入"创建者";同样的操作,分别插入"审核人""批准人""创建日期""修改时间""批准日期""项目名称""项目编号"等特殊文本;再单击"插入"→"特殊文本"→"页属性",单击拓展按钮,用筛选器查找"页描述",选中"页描述",单击"确定",插入"页描述",用同样的操作,插入"图号"。最后,修改"项目名称"和"页描述"的字号为"3.5mm",完成标题栏制作,如图 1-3-29 所示。关于标题栏,在以后的设计中,可以根据自己的需要进行设计。

图 1-3-29 插入相应特殊文本

步骤五:图框设计完成后,在页导航器中,选中"BIEM-A3 图框",单击右键→"关闭",完成图框模板绘制。

二、新建页

步骤一:在页导航器中,选中"物流传输系统",单击右键→"新建",弹出"新建页"窗口，根据任务要求，单击完整页名右侧的拓展按钮，弹出"完整页名"窗口，单击"高层代号"数值栏中的拓展按钮，选中"物流传输系统"，单击"确定"；单击"位置代号"数值栏中的拓展按钮，选中"控制柜内"，单击"确定"；单击"文档类型"数值栏中的拓展按钮，选中"原理图"，单击"确定"；在页名栏输入"1"，单击"确定"。

步骤二：页类型保持为"多线原理图（交互式）"；在页描述栏中输入"主电路图"；单击图框名称数值栏中的下拉菜单，选中查找，弹出"选择图框"窗口，选择刚制作好的"BIEM-A3 图框"，单击"打开"，回到"新建页"窗口，单击"确定"，如图 1-3-30 所示。完成满足任务要求的页面新建。

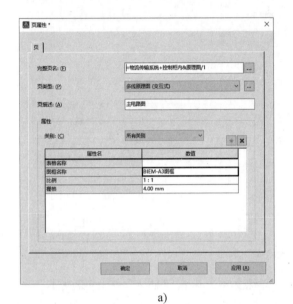
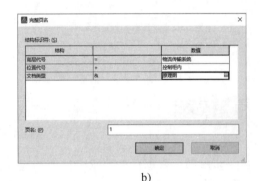

a)   b)

图 1-3-30　页面新建

任务四　个人部件库的创建

📑【任务描述】

新建一个 BIEM 部件库，为后续物流传输系统电气设计奠定基础。

具体要求：

1) 从学习资源中下载部件文件压缩包和导线文件压缩包，解压备用；

2) 新建一个名称为"BIEM 部件库"的数据库；

3) 在"BIEM 部件库"数据库中导入下载备用的部件文件和导线文件。

注意事项：

部件文件列表见表 1-4-1。

表 1-4-1 部件文件列表

序号	型号	设备名称
1	LAPP. 0035 0133	5G4 电缆
2	OMR. 3G3MX2-A2002-V1	变频器
3	OMR. A22NE-MP-P202-N	急停按钮
4	OMR. A22NS-2BL-NGA-G112-NN%2F	旋转开关
5	OMR. M22	按钮
6	PXC. 1004322	端子排
7	PXC. 3211814	直通式接线端子
8	RIT. 1016600	箱柜
9	RIT. 2313150	导轨
10	RIT. 8800750	线槽
11	SIE. 1TL0001-1DB3	三相异步电动机
12	SIE. 3RH2122-1HB40	DC 24V 继电器
13	SIE. 3RT2015-1AP04-3MA0	AC 220V 交流接触器 2NO 2NC
14	SIE. 3RT2015-1AP61	AC 220V 交流接触器 1NO
15	SIE. 3RV2011-1AA15	电机保护开关
16	SIE. 3SB3203-1CA21-0CC0	蘑菇形推拉按钮
17	SIE. 3VL17021DA330AB1	断路器 4P
18	SIE. 6AV2123-2GA03-0AX0	触摸屏
19	SIE. 6EP1336-1LB00	电压源
20	SIE. 6ES7512-1CK01-0AB0	1500PLC
21	SIE. 6ES7590-1AB60-0AA0	1500PLC 导轨
22	SIE. 7KM2111-1BA00-3AA0	电压表

导线文件列表见表 1-4-2。

表 1-4-2 导线文件列表

序号	型号	导线名称
1	Draht_YE_2,5	黄色 2.5 导线
2	Draht_GN_2,5	绿色 2.5 导线
3	Draht_RD_2,5	红色 2.5 导线
4	Draht_BU_2,5	蓝色 2.5 导线
5	Draht_GNYE_2,5	绿黄色 2.5 导线
6	Draht_RD_1,5	红色 1.5 导线
7	Draht_BU_1,5	蓝色 1.5 导线
8	Draht_BK_1,5	黑色 1.5 导线
9	Draht_BU_0,75	蓝色 0.75 导线
10	Draht_BN_0,75	棕色 0.75 导线
11	Draht_WH_0,75	白色 0.75 导线

📖【术语解释】

一、部件管理

部件管理在项目设计过程中是非常重要的一个环节，在设计之前，首先需要做的就是完善部件库。部件库和主数据都属于项目设计之前的基础数据，只有完善的部件库数据才能给设计带来质的飞跃。

（一）"部件主数据"导航器

单击菜单栏"工具"→"部件"→"部件主数据导航器"命令，弹出"部件主数据"导航器，如图 1-4-1 所示，该导航器中的部件与"部件选择"窗口中的部件数据相同。

在"字段筛选器"下拉列表中选择标准的部件库。

单击"字段筛选器"右侧拓展按钮，系统弹出如图 1-4-2 所示的"筛选器"窗口，可以看出此时系统已经装入的标准的部件库。

图 1-4-1 "部件主数据"导航器

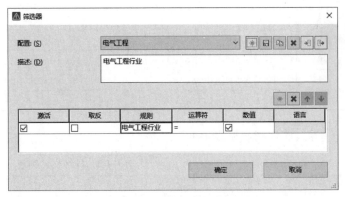

图 1-4-2 "筛选器"窗口

（二）部件管理

在创建部件库之前，首先需要创建用户自己的数据库名称，以后将新建的数据或导入的数据都放置在自己新建的数据库中，便于后期数据库维护和查找。单击菜单栏"选项"→"设置"→"用户"→"管理"→"部件"命令，弹出"设置：部件"窗口，单击"配置"栏右侧的"新建"按钮，可以新建配置名称或者通过配置下拉菜单直接选择已设置好的配置，如图 1-4-3 所示。

这里单击配置栏右侧的"新建"按钮，创建"BIEM 部件库"配置，单击 Access（A）右侧"新建"按钮，在弹出的"生成新建数据库"窗口的"文件名"栏中填写数据库名称：BIEM-part。新建的数据是该公司数据库的汇总，没有做部件分类，项目中的 PLC、断路器、继电器和电缆等部件数据库全部在一个数据库里面。因为 Access 数据库一旦超过 100MB 时就

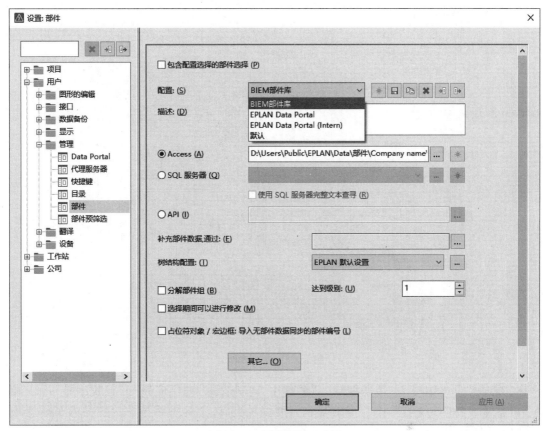

图 1-4-3 部件库配置选择

会影响选型速度，如果一个公司的数据量不是很大，可以采取新建一个汇总数据库；如果部件库数量比较大，设备分类也比较多时，可以在"配置"中按不同厂家或设备分类进行新建数据库。配置完成后，在创建部件或导入数据时，选择相应的数据库名称。在设备选型时，就可以灵活选择"数据源"中的数据库配置，提高设备选型效率。

二、部件创建

（一）新建部件

单击菜单栏中"工具"→"部件"→"管理"命令，弹出"部件管理"窗口，在"部件管理"树形结构中显示了不同层次的部件，如图 1-4-4 所示。创建部件的同时自动定义部件层级结构。其中，部件下第 1 层部件行业分类通过"字段筛选器"进行选择与创建。创建第二层。在"电气工程"上单击鼠标右键，选择"新建"命令，显示创建的该层部件库类型，包括零部件、部件组、模块。选择"零部件"命令，在"零部件"层下创建嵌套的部件；选择"部件组"命令，在"部件组"层下创建嵌套的部件；选择"模块"命令，在"模块"层下创建嵌套的部件，如图 1-4-4 所示。

（二）部件参数设置

1. "常规"设置

"常规"选项卡中的信息属于部件的基础信息。选择新建的部件，在右侧"常规"选项

图 1-4-4　新建部件

卡中，填写"部件编号""类型编号""名称 1""制造商""供应商""订货编号"及"描述"等信息。"部件编号"由厂商缩写和类型编号组成，"类型编号"为产品的实际型号，如图 1-4-5 所示。

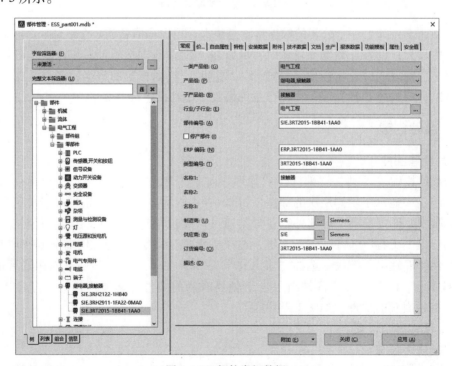

图 1-4-5　部件常规数据

2. "安装数据"设置

在"安装数据"选项卡中填写设备的宽度、高度、深度数据及安装面。其中,宽度、高度、深度数据,可以根据技术手册上的数据进行填写,"安装面"根据设备的实际安装情况选择安装板、门、侧板等位置。

在"图形宏"栏中可选择 3D 模型宏或 2D 布局图符号宏。在项目设计涉及 Pro Panel 模块时,在"图形宏"栏中需要关联 3D 模型宏,因为通过 3D 可直接生成 2D 安装布局图;如果项目设计只有 2D 原理图,那么"图形宏"栏中需要关联该设备的 2D 安装板布局图符号宏。关联完成后,在项目设计时,在相应图样类型中可快速插入已关联的宏。另外,在"图片文件"选项中关联该设备的图片文件。如图 1-4-6 所示。

图 1-4-6 "安装数据"选项卡

3. "附件"设置

设置完部件"安装数据"后,单击"附件"选项卡,如果新建的部件为其他设备的附件,可勾选左上方的"附件"选项;如果该设备有相应的附件,如安装底座、螺钉等部件,则可以单击右上方的"新建"按钮,添加相应的附件编号;如果该设备必须携带附件,则在"需要"选项中打钩,如图 1-4-7 所示。这样设备在智能选型时,会自动显示该设备携带的附件编号。

图 1-4-7 "附件"选项卡

4. "技术数据"设置

单击"技术数据"选项卡，在技术参数栏中填写设备的相关参数，在"宏"栏中选择该设备的原理图符号宏或 2D 布局图符号宏，如图 1-4-8 所示。"技术数据"中的"宏"与"安装数据"中关联 3D 或 2D 安装板符号宏，在"宏"中关联原理图符号宏。

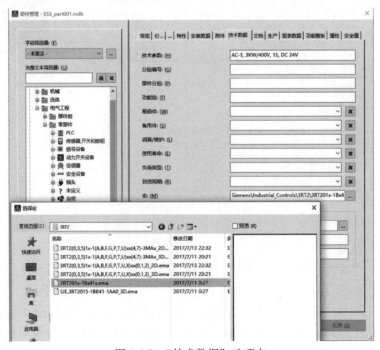

图 1-4-8 "技术数据"选项卡

5. "文档"设置

在"文档"选项卡中主要关联的是设备的技术手册或其他文档信息,如图1-4-9所示。

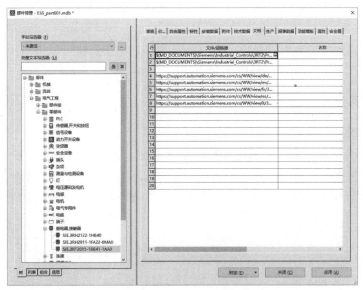

图 1-4-9 "文档"选项卡

6. "功能模板"设置

在"功能模板"选项卡中,单击右上侧的"新建"按钮,弹出"功能定义"窗口,进行功能定义。在新建的功能定义中填写设备的"连接点代号"信息,连接点代号间的分隔符通过"Ctrl+Enter"键输入;在"技术参数"列中填入与"技术数据"选项卡中相同的数据;在"符号"或"符号宏"列中关联相应的原理图符号。如图1-4-10所示。

图 1-4-10 "功能模板"设置

在原理图中进行设备选型时，要求符号的功能定义与部件的功能模板相匹配。尤其在智能选型时，软件会自动选择与符号功能定义相匹配的部件编号，而且一旦功能定义相匹配，软件自动将部件库中连接点代号写入符号属性的连接点代号中，减少了手动修改连接点代号的工作量。

部件库中常用的主要数据就是以上介绍的几点，其他信息也可以进一步完善。填写完成后，单击"应用"按钮，完成部件的创建。

三、部件导入导出

（一）部件导出

EPLAN 部件库数据以单个或多个文件的形式导出，在新建的数据库中进行导入。在部件库中导出单个数据时，选中要导出的数据，单击鼠标右键→"导出"命令，弹出"导出数据集"窗口，选择导出文件类型，修改保存路径，如图 1-4-11 所示，导出相应部件数据。

图 1-4-11　导出数据设置

将导出的数据导入新的数据库中，首先选择"附加"选项中的"设置"命令，在弹出的"设置：部件（用户）"窗口中，选择或创建配置名称，单击"确定"，软件自动加载新的数据库，如果数据库中没有数据，选择"附加"选项中"导入"命令，进行数据导入。

（二）部件导入

在弹出的"导入数据集"窗口中，选择导入相应的文件类型，选择要导入的文件名路径，字段分配选择"EPLAN 默认设置"，选择"更新已有数据集并添加新建数据集"代表更新数据库中已有的相同部件型号数据并添加部件库中没有的新部件型号数据，如图 1-4-12所示。设置完成之后，单击"确定"，软件自动将部件库数据导入新的数据库中。

四、部件结构配置

在"部件管理"窗口，左侧的部件结构可以按照客户需求进行调整。有些客户希望按"制造商"分类查看各个产品组的部件或者在部件结构中加入自己的分类。

在"部件管理"窗口中，选择"附加"选项中的"设置"命令，在弹出的"设置：部件（用户）"窗口中，单击"树结构配置"栏后的拓展按钮，弹出"树结构配置"窗口，单击"主节点：（M）"后的"新建"按钮，增加部件主结构，如图 1-4-13 所示。

在弹出的"树结构配置-主节点"窗口中，选择数据集类型为"部件"，定义新的部件

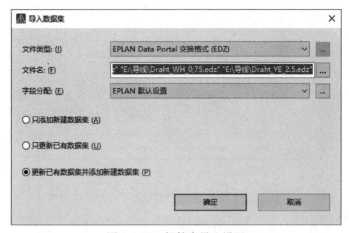

图 1-4-12 部件库导入设置

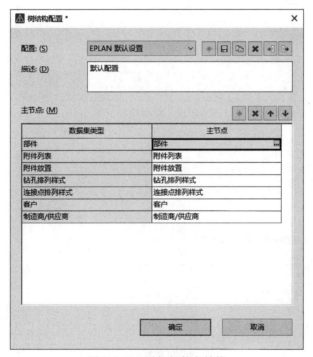

图 1-4-13 增加部件主结构

库名称为"CHM 部件库",在下方"属性"栏中单击右侧的"新建",增加部件的属性分类:"一类产品组""数据集类型""制造商""产品组"如图 1-4-14 所示。

单击"确定",在"树结构配置"窗口中,通过"向上移动""向下移动"将"CHM 部件库"结构移动到顶端,单击"确定",完成部件树结构配置。

属性分类也就是部件显示的层级关系,通过增加或调整属性位置,在部件中显示不同的层级关系,按照不同的层级关系进行部件分类,便于部件查找。在新建的"CHM 部件库"中增加了"制造商"分类,在"制造商"下一级中显示产品组分类,与之前"部件"树结构不同的是增加了"制造商"分类,如图 1-4-15 所示。

图 1-4-14　部件属性分类

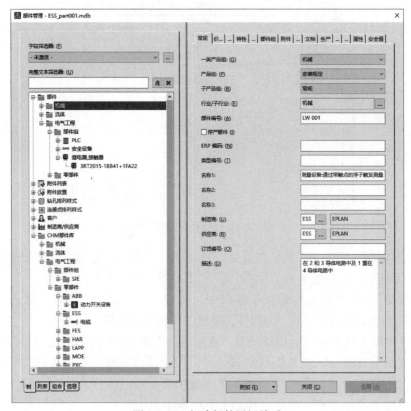

图 1-4-15　新建部件层级关系

五、Data Portal

在 EPLAN 部件库中，除了自己手动录入数据之外，还可以通过 EPLAN Data Portal 进行在线数据更新。EPLAN Data Portal 是一个在线的 EPLAN 部件库网站，又名"EPLAN 数据通道"，它提供了已知制造商的主数据，可直接导入 EPLAN 平台，除了包含字母数字的部件数据外，这些主数据还包含原理图宏、多语言部件信息、预览图、文档等。它的客户端内嵌在 EPLAN 软件中，目前已有 237 个制造商的 88 万个以上的部件可供下载。

【技能操作】

一、个人部件库创建

步骤一：单击"选项"→"设置"，弹出"设置"窗口，在左侧窗口中选中用户→管理→部件，来到右侧窗口，单击配置栏右侧的"新建"按钮，如图 1-4-16 所示。

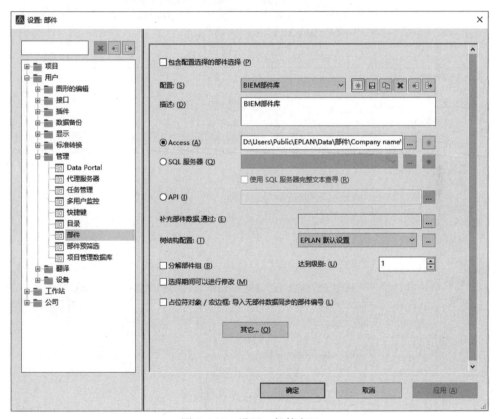

图 1-4-16 设置：部件窗口

步骤二：弹出"新配置"窗口，在名称列和描述列中，均输入"BIEM 部件库"，单击"确定"，如图 1-4-17 所示。

步骤三：单击 Access 栏右侧"新建"按钮，弹出"生成新建数据库"窗口，在文件名栏中输入"BIEM-part"，单击"打开"，如图 1-4-18 所示，回到"设置"窗口，单击"确定"，完成个人部件库创建。

图 1-4-17 "新配置"窗口

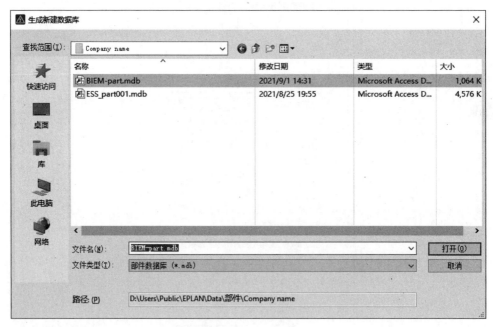

图 1-4-18 生成新建数据库

二、部件及导线导入

步骤一：单击"工具"→"部件"→"管理"，弹出"部件管理"窗口，在窗口下侧，单击"附加"的下拉菜单，单击"导入"，如图 1-4-19 所示，弹出"导入数据集"窗口。

步骤二：单击文件名栏右侧的拓展按钮，弹出"打开"窗口，选择已下载备用的部件文件夹中所有文件，单击"打开"，选中"更新已有数据集并添加新建数据集"，单击"确

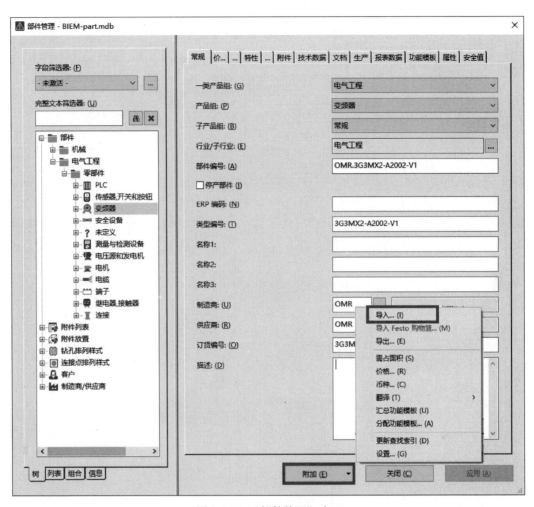

图 1-4-19 "部件管理"窗口

定",如图 1-4-20 所示,弹出"EDZ 导入"窗口。

图 1-4-20 "导入数据集"窗口

步骤三：单击"全部为是"，如图 1-4-21，进行部件 EDZ 导入。

图 1-4-21 单击"全部为是"

步骤四：同样的方法，选中导线文件夹中所有文件，单击"打开"，选中"更新已有数据集并添加新建数据集"，单击"确定"，单击"关闭"，单击"是"，完成部件数据库同步。

任务一　总电源电路绘制

【任务描述】

如图 2-1-1 所示，在项目一的基础上，绘制总电源电路。

具体要求如下：

1）控制柜外电源由三相五线电位连接点表示，由端子 X1 引入到控制柜内；

2）控制柜内由断路器（4P）控制电源通断；

3）在控制柜面板上有电压表，控制柜内和柜面上设备通过端子 X2 进行连接；

4）本电路电源通过中断点引入到其他图样。

注意事项：

图中设备型号和数量见表 2-1-1。

表 2-1-1　图中设备型号和数量

序号	设备		型号	数量
1	断路器（4P）F1		SIE. 7KM2111-1BA00-3AA0	1
2	电压表 P1		SIE. 3VL17021DA330AB1	1
3	端子排	X1	PXC. 3211814	5
		X2	PXC. 3211814	29
	端子排定义		PXC. 1004322	各 1

【术语解释】

一、电位

电位是指在特定时间内的电压水平。从源设备出发，通过传输设备，终止于耗电设备的整个回路都有电位，传输设备两端电位相同。信号是电位的子集，通过连接在不同原理图页之间传输，信号表示非连接元件之间的所有回路。

（一）电位跟踪点

电位在原理图中还有个重要的作用——电位跟踪，电位跟踪能够看到电位的传递情况，便于发现电路连接中存在的问题。很多设备都是传递电位的，比如端子、开关按钮、断路器、接触器、继电器等。电位终止于用电设备，比如指示灯、电机、线圈等。

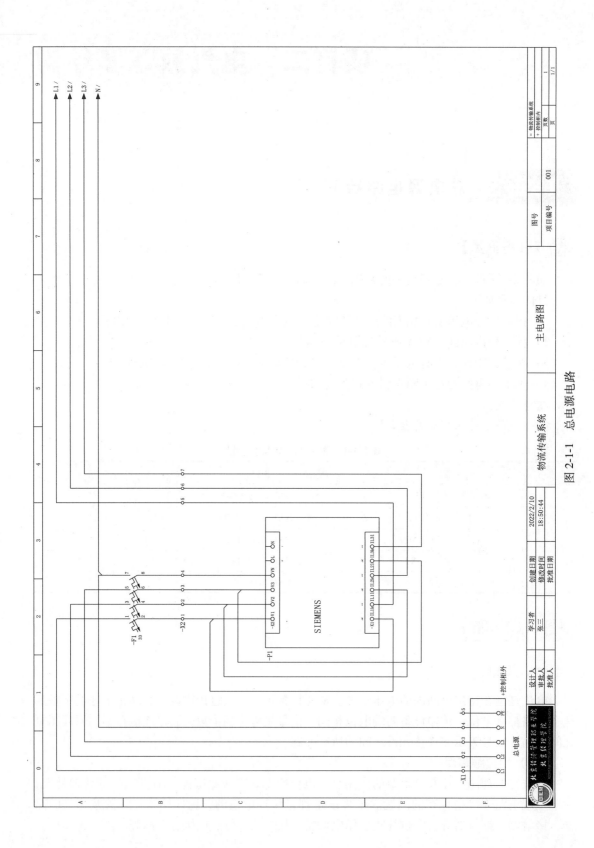

图 2-1-1　总电源电路

单击"视图"→"电位跟踪",此时光标变成交叉形状并附加一个电位跟踪符号。

将光标移动到需要插入电位连接点的元器件的水平或垂直位置上,电位连接点与元器件间显示自动连接,单击查看电位的导线,单击导线上某处,与该点等电位连接均呈现"高亮"状态,单击鼠标右键选中"取消操作"命令或按键盘"Esc"键即可退出该操作。

(二)电位连接点

电位连接点用于定义电位,可以为其设定电位类型(L、N、PE、+、-等)。其外形看起来像端子,但它不是真实的设备。

电位连接点通常可以代表某一路电源的源头,系统所有的电源都是从这一点开始。添加电位的目的主要是为了在图样中分清不同的电位,常用的电位有:L \ N \ PE \ 24V+\ M,其中,L 表示交流电,一般电路中显示 L1、L2、L3,表示使用的是三相交流电源,+、-表示的是直流电的正负,M 表示公共端,PE 表示地线,N 表示零线。

1. 插入电位连接点

选择菜单栏中的"插入"→"电位连接点"命令,或者单击"连接"工具栏中的"电位连接点"按钮,此时光标变成交叉形状并附加一个电位连接点符号。

将光标移动到需要插入电位连接点的元器件的水平或垂直位置上,电位连接点与元器件间显示自动连接,单击插入电位连接点,此时光标仍处于插入电位连接点的状态,重复上述操作可以继续插入其他的电位连接点。电位连接点插入完毕,单击鼠标右键选中"取消操作"命令或按键盘"Esc"键即可退出该操作。

2. 设置电位连接点的属性

在插入电位连接点的过程中,用户可以对电位连接点的属性进行设置。双击电位连接点或在插入电位连接点后,弹出如图 2-1-2 所示的电位连接点属性设置窗口,在该窗口中可以对电位连接点的属性进行设置,在"电位名称"中输入名称,可以是信号的名称,也可以自己定义,在下方属性的"电位类型"中选择相应信号的电位。在光标处于放置电位连接点的状态时按"Tab"键,可旋转电位连接点连接符号,变换电位连接点连接模式,或者选中"显示"选项卡,切换变量,也可旋转电位连接点连接符号。

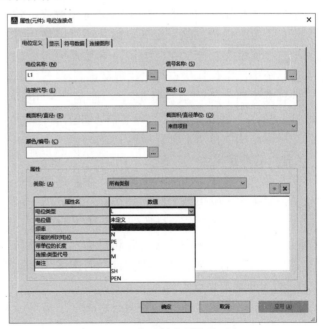

图 2-1-2 电位连接点属性设置窗口

(三)电位定义点

电位定义点与电位连接点功能完全相同,也不代表真实的设备,但是与电位连接点不同的是,它的外形看起来像是连接定义点,不是放在电源起始位置。电位定义点一般位于变压器、整流器与开关电源输出侧,因为这些设备改变了回路的电位值。使用菜单栏"插入"→

"电位定义点"可以插入电位定义点。使用"电位导航器"可以快速查看系统中的电位定义点。

1. 插入电位定义点

使用菜单栏"插入"→"电位定义点"命令，或单击"连接"工具栏中的"电位定义点"按钮，此时光标变成交叉形状并附加一个电位定义点符号。

将光标移动到需要插入电位定义点的导线上，单击插入电位定义点。此时光标仍处于插入电位定义点的状态，重复上述操作可以继续插入其他的电位定义点。电位定义点插入完毕，单击鼠标右键选中"取消操作"命令或按键盘"Esc"键即可退出该操作。

2. 设置电位定义点的属性

在插入电位定义点的过程中，用户可以对电位定义点的属性进行设置。双击电位定义点或在插入电位定义点后，弹出电位定义点属性设置窗口，在该窗口中可以对电位定义点的属性进行设置，在"电位名称"栏输入电位定义点名称，可以是信号的名称，也可自己定义。

自动连接的导线颜色都是来源于层，基本上是红色，在导线上插入"电位定义点"，为区分不同电位，可打开"连接图形"选项卡，单击颜色块，选择导线颜色来修改电位定义点颜色，从而改变插入电位定义点的导线的颜色。但设置电位定义点图形颜色后，原理图中的导线不自动更新信息，导线依旧显示默认的红色，选择菜单栏中的"项目数据"→"连接"→"更新"命令，导线更新信息，颜色便可修改。

（四）电位导航器

在原理图绘制初始一般会用到电位连接点或电位定义点用于定义电位。除了定义电位，还可以使用它的其他一些属性和功能，在"电位"导航器中可以快速查看系统中的电位连接点与电位定义点。

选择菜单栏中的"项目数据"→"连接"→"电位导航器"命令，打开"电位"导航器，如图 2-1-3 所示，在树形结构中显示了所有项目下的电位。

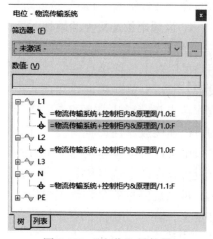

图 2-1-3 "电位"导航器

（五）网络定义点

元器件之间的连接叫作一个网络。在原理图设计的时候，对于多个继电器的公共端接在一起，门上的按钮/指示灯公共端接在一起的情况，插入网络定义点，可以定义整个网络的接线的源和目标，而无须考虑"连接符号"的方向，比"指向目标的连接"表达更简洁和清楚。

1. 插入网络定义点

选择菜单栏中的"插入"→"网络定义点"命令，此时光标变成交叉形状并附加一个网络定义点符号。

将光标移动到需要插入网络定义点的导线上，单击可插入网络定义点，此时光标仍处于插入网络定义点的状态，重复上述操作可以继续插入其他的网络定义点。网络定义点插入完毕，单击鼠标右键选中"取消操作"命令或按键盘"Esc"键即可退出该操作。

2. 设置网络定义点的属性

在插入网络定义点的过程中，用户可以对网络定义点的属性进行设置。双击网络定义点或在插入网络定义点，弹出网络定义点属性设置窗口，在该窗口中可以对网络定义点的属性进行设置，在"电位名称"中输入网络放置位置的电位，在"网络名称"中输入网络名，网络名可以是信号的名称，也可以自己定义。

二、电气连接

元器件之间电气连接的主要方式是通过导线来连接。导线是电路原理图中最重要也是用得最多的图元，它具有电气连接的意义，不同于一般的绘图工具，绘图工具没有电气连接的意义。菜单栏中"插入"→"连接符号"菜单，就是原理图电气连接工具菜单。

（一）自动连接

绘制电气原理图过程中，当设备或电位点在同一水平或垂直位置时，EPLAN自动将两端连接起来。

在EPLAN电气工程中，自动连线功能极大地方便了绘图，自动连线是指当两个连接点水平或垂直对齐时自动进行连线。

1. 自动连接步骤

将光标移动到想要完成电气连接的设备上，选中设备，按住鼠标移动光标，移动到需要连接的设备的水平或垂直位置，两设备间出现红色连接线符号，表示电气连接成功。最后松开鼠标放置设备，完成两个设备之间的电气连接。由于启用了捕捉到栅格的功能，因此，电气连接很容易完成。重复上述操作可以继续放置其他的设备进行自动连接。两设备间的自动连接导线无法删除。直接移动设备与另一个设备连接，自动取消原设备间自动连接的导线。

2. 自动连接颜色设置

选择菜单栏中的"选项"→"层管理"命令，弹出"层管理"窗口，在该窗口中选择"符号图形"→"连接符号"→"自动连接"→"EPLAN311"选项，显示设备间自动连接线颜色默认是红色，在该窗口还可以设置自动连接线所在层、线型、式样长度、线宽、字号等参数。

选择"符号图形"→"连接符号"→"支路"选项，显示设备间支路连接线颜色，默认是红色，在该窗口还可以设置支路连接线所在层、线型、式样长度、线宽、字号等参数。

3. 自动连接属性设置

选择菜单栏中的"选项"→"设置"命令，弹出"设置"窗口，选择"项目"→"项目名称"→"连接"→"属性"选项，打开项目默认属性下的连接线属性设置界面，在该界面设置的连接属性，自动更新到该项目下每一条连接线上。在该界面包括8个分类，分别设置不同项目中的连接属性，打开"电气工程"选项卡，可以预定义连接线的颜色/编号、截面积/直径及导线加工数据、套管截面积和剥线长度等信息。

在"设置"窗口，选择"项目"→"项目名称"→"连接"→"连接编号"选项，打开项目默认属性下的连接线编号设置界面。

在"设置"窗口，选择"项目"→"项目名称"→"连接"→"连接颜色"选项，打开项目默认属性下的连接线颜色设置界面。

导线颜色命名建议在国家相关标准的基础上把AC/DC和0V区分出来，国标中对导线颜色规定如下：

交流三相电中导线颜色要求：

A（L1）相：黄色，YE；

B（L2）相：绿色，GN；

C（L3）相：红色，RD；

零线或中性线：蓝色，BU；

安全用的接地线：黄绿色，GNYE。

直流电路中导线颜色要求：

正极：棕色，BN；

负极：蓝色，BU。

（二）连接导航器

在 EPLAN 中，两个元件之间的自动连接被称作连接，电气连接可以代表导线、电缆芯线、跳线等，不同的连接，其连接类型不同，通过连接定义点来改变连接类型。通过"连接"导航器快速编辑连接类型。

选择菜单栏中的"项目数据"→"连接"→"导航器"命令，打开"连接"导航器，导航器包括"树"选项卡与"列表"选项卡，在"树"选项卡中包含项目所有元器件的连接信息，在"列表"选项卡中显示配置信息。

在选中的导线上单击鼠标右键→"属性"，弹出"属性（元件）：连接"窗口，如图 2-1-4 所示，显示 3 个选项卡，下面分别介绍选项卡中的选项。

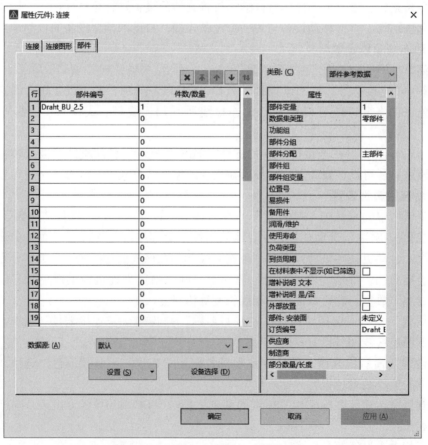

图 2-1-4 "属性（元件）：连接"窗口

1. "连接"选项卡

1）连接代号：选中芯线/导线的编号。

2）描述：输入芯线/导线的特性解释文字，属于附加信息，不是标示性信息，起辅助作用。

3）电缆/导管：显示电缆/导管的设备标识符、完整设备标识符、颜色/编号、成对索引。在"显示设备标识符"栏，单击右侧拓展按钮，弹出"使用现有连接"窗口，选择使用现有的连接线的设备标识符；在"颜色/编号"栏，不同的颜色对应不同的编号，可直接输入所选颜色的编号，也可单击右侧拓展按钮，选择使用现有的连接线的颜色编号。

4）截面积/直径：选择芯线/导线的截面积或直径。

5）截面积/直径单位：选择芯线/导线的截面积/直径单位，默认选择"来自项目"，也可以在下拉列表中直接选择单位。

6）表达类型：在下拉列表中选择芯线/导线的表达类型，可选项包括多线、单线、管道及仪表流程图、外部、图形。

7）功能定义：输入芯线/导线的功能定义，单击拓展按钮，弹出"功能定义"窗口，设置芯线/导线的特性。

8）属性：显示芯线/导线的属性，可新建属性或删除属性。

2. "连接图形"选项卡

在该选项卡中显示连接的格式属性，包括线宽、颜色、线型、式样长度、层。

3. "部件"选项卡

在该选项卡中显示连接的部件信息，选择导线的部件型号及部件的属性。

（三）连接符号

在 EPLAN 中设备之间，自动连接只能进行水平或垂直电气连接，遇到需要拐弯、多设备连接、不允许连线等情况时，需要使用连接符号连接，连接符号包括角、T 节点及其变量等连接符号，通过连接符号了解设备间的接线情况及接线顺序。

EPLAN Electric P8 提供了 3 种使用连接符号对原理图进行连接的操作方法。

（1）使用菜单命令

单击菜单栏中"插入"→"连接符号"子菜单就是原理图连接符号工具菜单，经常使用的有角命令、T 节点命令等。

（2）使用"连接符号"工具栏

在"插入"→"连接符号"子菜单中，各项命令分别与"连接符号"工具栏中的按钮一一对应，可直接单击该工具栏中的相应按钮，即可完成相同的功能操作。

（3）使用快捷键

上述各项命令都有相应的快捷键。例如，设置"右下角"命令的快捷键是"F3"，绘制"向下 T 节点"的快捷键是"F7"等。使用快捷键可以大大提高操作速度。

1. 导线的角连接模式

如果要连接的两个引脚不在同一水平或同一垂直线上，则在放置导线的过程中需要使用角连接确定导线的拐弯位置，包括四个方向的"角"命令，分别为右下角、右上角、左下角、左上角。

选择菜单栏中"插入"→"连接符号"→"角（右下）"命令，或单击"连接符号"工具栏中的"右下角"按钮,此时光标变成交叉形状并附加一个角符号。

将光标移动到想要完成电气连接设备水平或垂直位置上,出现红色的连接符号表示电气连接成功。移动光标,确定导线的终点,完成两个设备之间的电气连接。此时,光标仍处于放置角连接的状态,重复上述操作可以继续放置其他的导线。导线放置完毕,按右键"取消操作"命令或"Esc"键即可退出该操作。

当光标处于放置角连接的状态时按"Tab"键,旋转角连接符号,变换角连接模式。

角连接的导线可以删除,在导线拐角处选中角,按住"Delete"键,即可删除。

2. 导线的 T 节点连接模式

T 节点是电气图中对连接进行分支的符号,是多个设备连接的逻辑标识,还可以显示设备的连接顺序。

(1) T 节点插入

选择菜单栏中的"插入"→"连接符号"→"T 节点(向右)"命令,或单击"连接符号"工具栏中的"T 节点,向右"按钮,此时光标变成交叉形状并附加一个 T 节点符号。

将光标移动到想要完成电气连接的设备水平或垂直位置上,移动光标,确定导线的 T 节点插入位置,出现红色的连接线,表示电气连接成功,此时光标仍处于放置 T 节点连接状态,重复上述操作可以继续放置其他的 T 节点导线。导线放置完毕,按右键"取消操作"命令或"Esc"键即可退出该操作。

(2) T 节点形式

当光标处于放置 T 节点的状态时按"Tab"键,旋转 T 节点连接符号,变换 T 节点连接模式,EPLAN 有四个方向的"T 节点"连接命令,而每一个方向的 T 节点连接符号又有四种连接关系可选。

(3) T 节点属性设置

双击 T 节点即可打开 T 节点的属性编辑面板,在该窗口中显示 T 节点的四个方向及不同方向的目标连线顺序,勾选"作为点描述"复选框,T 节点显示为"点"模式,取消勾选该复选框,根据选择的 T 节点方向显示对应的符号或其变量关系。

(4) T 节点的显示模式设置

EPLAN 中默认 T 节点是 T 形式显示的,有些公司可能要求使用点来表示 T 形连接,有些可能要求使用 T 形显示,对于这些要求,通过修改 T 节点属性来一个个更改,过于繁琐,可以通过设置来更改整个项目的 T 形点设置。具体操作方法如下:

选择菜单栏中的"选项"→"设置"命令,弹出"设置"窗口,选择"项目"→"项目名称"→"图形编辑"→"常规"选项,在"显示连接支路"选项组下选择 T 形显示,推荐使用 T 形连接"包含目标确定",完成设置后,进行 T 节点连接后直接为 T 形显示。若选择"作为点",则 T 节点连接后直接为点显示。

3. 导线的断点连接模式

在 EPLAN 中,当两个设备的连接点水平或垂直对齐时,系统会自动连接,若不希望自动连接,需要引入"断点"命令,在任意自动连接的导线上插入一个断点,断开自动连接的导线。

选择菜单栏中"插入"→"连接符号"→"断点"命令,此时光标变成交叉形状并附加一个断点符号。

将光标移动到需要阻止自动连线的位置(需要插入断点的导线上),单击插入点,原来红色的导线就取消了（删除插入点，可恢复原有红色导线），此时光标仍处于插入断点的状态，重复上述操作可以继续插入其他的断点。断点插入完毕，按右键"取消操作"命令或"Esc"键即可退出该操作。

4. 导线的十字街头连接模式

在连接过程中，不可避免会出现接线的情况，在 EPLAN 中，十字接头连接是分散接线，每侧最多连接 2 根线，不存在一个接头连接 3 根线的情况，适合于配线。

选择菜单栏中的"插入"→"连接符号"→"十字接头"命令，或单击插入十字接头，此时光标仍处于插入十字街头的状态，重复上述操作可以继续插入其他的十字接头。十字接头插入完毕，按右键"取消操作"命令或"Esc"键即可退出该操作。

5. 导线的对角线连接模式

有些时候，为了增强原理图的可观性，把导线绘制成斜线，在 EPLAN 中，对角线其实就是斜的连接。选择菜单栏中的"插入"→"连接符号"→"对角线"命令，此时光标变成交叉形状并附加一个对角线符号。

将光标移动到需要插入对角线的导线上，单击插入对角线起点，拖动鼠标向外移动，单击鼠标左键确定终点，完成斜线绘制。

（四）连接类型

导线连接的类型一般是由源和目标自动确定的，在系统无法确定连接类型时它被叫做"常规连接"，电气图中的连接通常都是"常规连接"。原理图的导线是自动连接的，无法在原理图中直接选择，要修改连接的类型，需要插入"连接定义点"来改变。

1. 菜单插入

选择菜单栏中的"插入"→"连接定义点"命令，此时光标变成交叉形状并附加一个连接定义点符号。将光标移动到需要插入连接定义点的导线上，移动光标，选择连接定义的插入点，在原理图中单击鼠标左键确定插入连接定义点。

2. 设置连接定义点的属性

在插入连接定义点的过程中，用户可以对连接定义点的属性进行设置。双击连接定义点或在插入连接定义点后，弹出连接定义点属性设置窗口，在该窗口中可以对连接定义点的属性进行设置，在"连接代号"中输入连接定义点的代号。

3. 导航器插入连接定义点

使用"连接"导航器可以快速编辑连接。选择菜单栏中"项目数据"→"连接"→"导航器"命令，打开"连接"导航器，显示元件下的连接信息。

在选中的导线上单击鼠标右键，选中"属性"命令，弹出"属性（元件）：连接"窗口，在"连接代号"中输入连接定一点的代号，完成连接定义后，在"连接"导航器中显示导线定义的属性。

✎【技能操作】

一、控制柜外电源绘制

步骤一：插入电位连接点

打开主电路图，单击"插入"→"电位连接点"，在图样的左下角单击鼠标，弹出"属性"窗口，在电位名称栏中输入"L1"，在下侧属性栏中，设定电位类型为"L"，如图 2-1-5 所示，单击确定，完成 L1 相电位绘制；同样的方法，绘制 L2、L3；N、电位类型为 N；PE、电位类型为 PE；完成所有电位连接点设置。

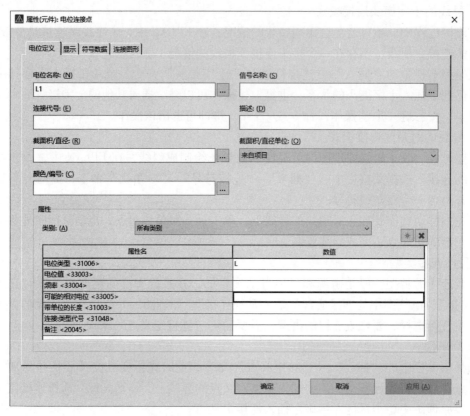

图 2-1-5 插入电位连接点

步骤二：绘制结构盒

单击"结构盒"按钮，在电位连接点左上角的位置，单击鼠标，拖拽鼠标到 PE 的右下角，再次单击鼠标，弹出"属性"窗口，单击"完整设备标识符"右侧的拓展按钮，弹出"完整设备标识符"窗口，修改位置代号为"控制柜外"，单击"确定"，再单击"确定"，如图 2-1-6 所示，单击"确定"；选中结构盒，单击右键→"文本"→"移动属性文本"，将"+控制柜外"文本移动到合适的位置，如图 2-1-7 所示，该文本用来表明该电源在控制柜外。

二、设备插入

步骤一：插入断路器和压力表

单击"插入"→"设备"，弹出"部件选择"窗口，在其左侧窗口中，选中"安全设备"中的"SIE. 3VL17021DA330AB1"，如图 2-1-8 所示，单击"确定"，在图样合适的位置，单击鼠标，插入断路器；同样的方法，选中"测量与检测设备"中的"SIE.7KM2111-1BA00-3AA0"，单击"确定"，并通过键盘"Tab"按键，切换设备不同的图标，选择合适图标，单击鼠标，弹出"插入模式"窗口，选中"编号"，单击"确定"，插入压力表，如图 2-1-9 所示。

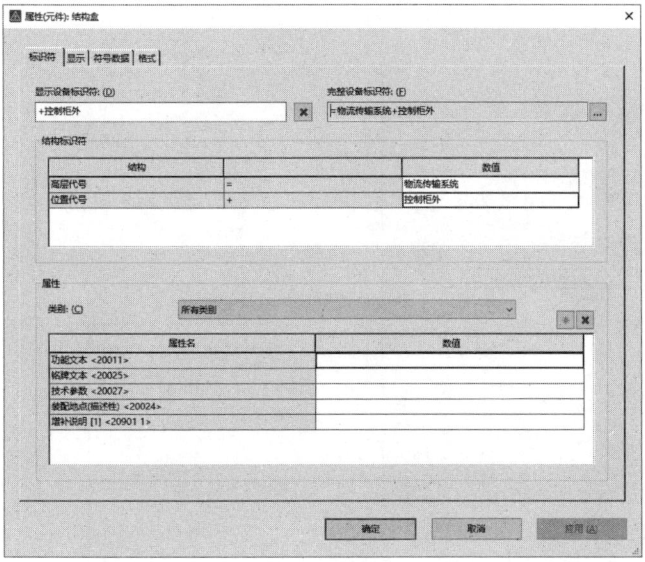

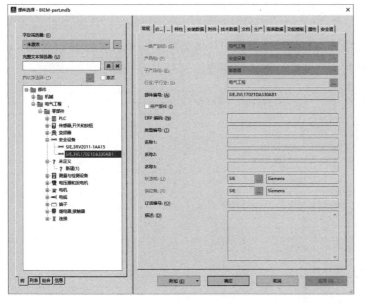

图 2-1-6　绘制结构盒

图 2-1-7　将 "+控制柜外"
文本移动到合适位置

图 2-1-8　选中 "安全设备" 中的 "SIE. 3VL17021DA330AB1"

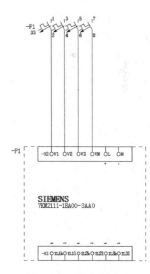

图 2-1-9　插入压力表

步骤二： 插入中断点

在主界面右侧的连接符号中，选中 "中断点"，在图样的第 9 列，单击鼠标，弹出 "属性" 窗口，在显示设备标识符窗口中输入 "L1"，如图 2-1-10 所示，单击 "确定"，插入中断点 "L1"；同样的方法，插入中断点 "L2" "L3" "N" 和 "PE"，如图 2-1-11 所示。完成本电路的设备插入。

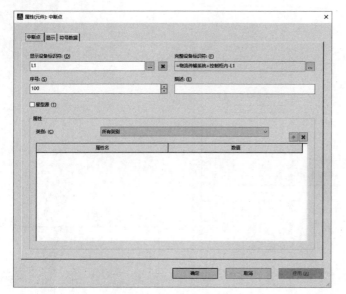

图 2-1-10　插入中断点"L1"

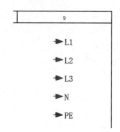

图 2-1-11　插入中断点"L2"
"L3""N"和"PE"

三、线路连接

在主界面右侧连接符号中选中合适连接符号，按照任务要求进行电路连接，如图 2-1-12 所示。注意在连接过程中不能使用直线命令，只能使用连接符号，连线是自动生成的。

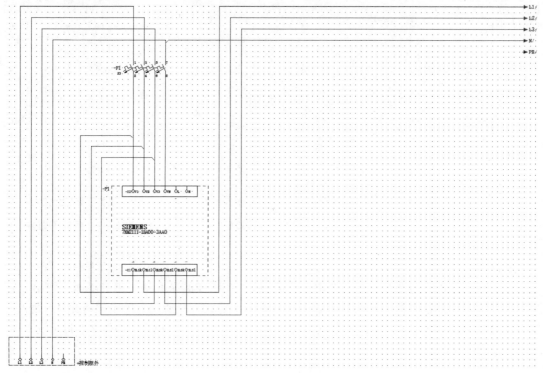

图 2-1-12　线路连接

四、端子插入

步骤一：生成端子排

单击"项目数据"→"端子排"→"导航器"，打开"端子排"导航器，在导航器中，单击右键，单击"新功能"，弹出"生成功能"窗口，在完整设备标识符中输入"X1"，编号式样输入"1-5"，单击功能定义栏右侧拓展按钮，如图 2-1-13 所示；弹出"功能定义"窗口，在左侧窗口，选中"端子，常规，带有鞍形跳线，

图 2-1-13　"生成功能"

2 个连接点"，单击"确定"，如图 2-1-14 所示，单击"确定"，在导航器中生成端子排 X1，如图 2-1-15 所示。

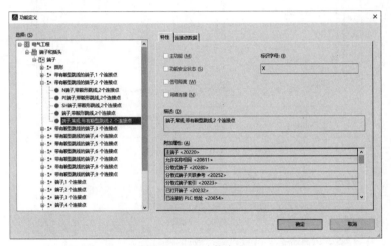

图 2-1-14　"功能定义"

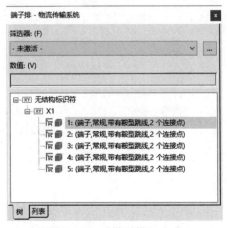

图 2-1-15　"端子排"生成

步骤二：建立端子排结构

选中"X1",单击右键→"属性",弹出"属性"窗口,选择"部件"选项卡,单击"设备选择",如图 2-1-16 所示;弹出"设备选择"窗口,选中"PXC. 3211814",如图 2-1-17 所示,单击"确定";选中"端子"选项卡,单击完整设备标识符右侧拓展按钮,弹出"完整设备标识符"窗口,修改高层代号为"物流传输系统",位置代号为"控制柜内",如图 2-1-18 所示单击"确定",再次单击"确定",再次单击"确定",完成端子排"X1"的结构设置。

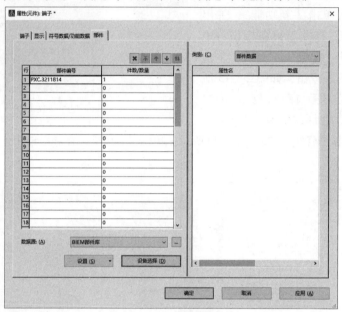

图 2-1-16 "设备选择"

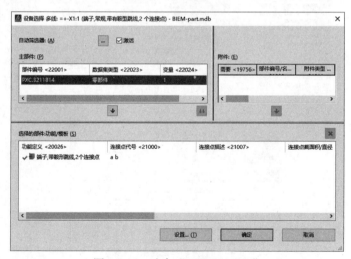

图 2-1-17 选中"PXC. 3211814"

步骤三:生成端子排定义

在导航器中,选中"X1",单击右键,单击"生成端子排定义",弹出"属性"窗口,选中其"部件"选项卡,单击"设备选择",弹出"设备选择"窗口,选中"PXC.1004322",单击"确定",再单击"确定",完成 X1 端子排定义。

同样的方法,生成端子排 X2,编号样式设定为"1-29",表明 X2 端子排包含 29 个端子，选中 X2 "1-29" 号端子，单击右键→属性，单击 "设备选择"，端子选型为 "PXC.3211814"，再对 X2 进行端子排定义，型号选择为 "PXC.1004322"，完成后，端子排导航器中端子如图 2-1-19 所示。

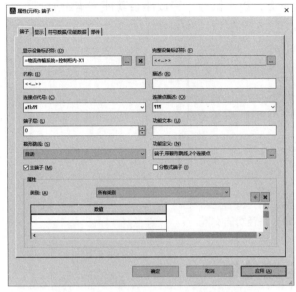

图 2-1-18　端子排 "X1" 结构设置完成

图 2-1-19　端子排导航器显示

步骤四：插入端子

在导航器中，选中 X1 的 "1-5" 端子，单击右键→"放置"，在图样中 "电位连接点" 上方，依次单击鼠标，完成总电源端 5 个端子的插入。同样的方法，选中 X2 中 "1-7" 号端子，单击右键，单击 "放置"，在压力表的进口和出口端，完成端子插入，如图 2-1-20 所示。

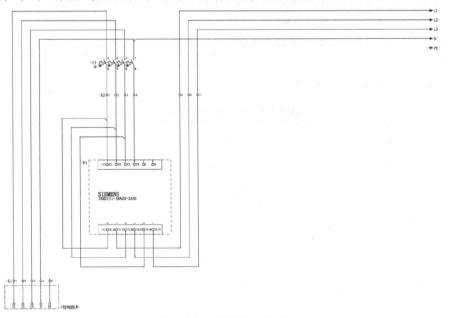

图 2-1-20　端子插入完成

61

五、路径功能文本添加

单击"路径功能文本"按钮，弹出"属性"窗口，在文本窗口中输入"总电源"，如图 2-1-21 所示，单击"确定"，在结构盒下方，单击鼠标，完成路径功能文本添加。

图 2-1-21　路径功能文本

任务二　电机正反转主电路绘制

【任务描述】

如图 2-2-1 所示，在任务一的基础上，绘制图中的电机正反转主电路。
具体要求：
1）电机 M1 和 M2 有独立的电源断路器 Q1 和 Q2 控制电源通断；
2）正反转控制由 U 相和 W 相换相实现；
3）电机 M1 和 M2 分别引入电缆 W1 和 W2，通过端子 X3 连接到控制柜。
注意事项：
图中设备型号和数量见表 2-2-1。

表 2-2-1　所需设备型号和数量

序号	设备	型号	数量
1	断路器 Q1	SIE. 3RV2011-1AA15	1
	断路器 Q2		1
2	交流接触器	仅绘制主触点符号，暂不添加型号	4
3	电缆 W1	LAPP. 0035 0133	1
	电缆 W2		1
4	端子排 X3	PXC. 3211814	12
	端子排定义	PXC. 1004322	1
5	电动机 M1	SIE. 1TL0001-1DB3	1
	电动机 M2		1

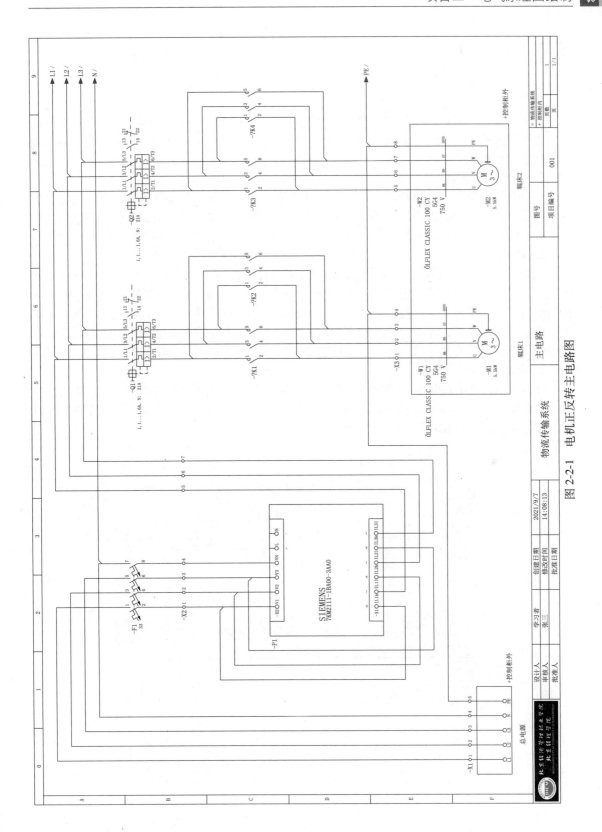

图 2-2-1 电机正反转主电路图

📖【术语解释】

一、结构盒

结构盒是一个组合，并非设备和黑盒，仅向设计者指明其归属于原理图中一个特定的位置。也可以理解为，结构盒是设备上的元件与安装盒的结合体，在 EPLAN 中，使用结构盒在图样上表现出来。

（一）插入结构盒

结构盒可以具有一个设备标识符，但它并非设备，不可能具有部件编号。在确定完整的设备标识符时，如同处理黑盒中的元件一样来处理结构盒中的元件。也就是说，当结构盒的大小改变时，或者在移动元件或结构盒时，将重新计算结构盒内元件的项目层结构。

1. 插入结构盒

选择菜单栏中"插入"→"盒子连接点/连接板/安装板"→"结构盒"命令，或单击"盒子"工具栏中的"结构盒"按钮，此时光标变成交叉形状并附加一个结构盒符号。将光标移动到需要插入结构盒的位置，单击确定结构盒的一个顶点，移动光标到合适的位置再一次单击确定其对角顶点，即可完成结构盒的插入。此时光标仍处于插入结构盒的状态，重复上述操作可以继续插入其他的结构盒。结构盒插入完毕，按"Esc"键即可退出该操作。

2. 设置结构盒的属性

在插入结构盒的过程中，用户可以对结构盒的属性进行设置。双击结构盒或在插入结构盒后，弹出如图 2-2-2 所示的结构盒属性设置窗口，在该窗口中可以对结构盒的属性进行设置，在"显示设备标识符"中输入结构盒的编号。

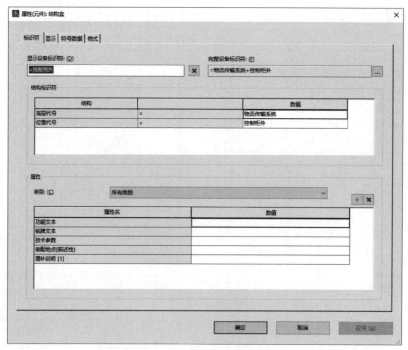

图 2-2-2　结构盒属性设置窗口

打开"符号数据"选项卡，在"符号数据"下显示选择的图形符号预览图；在"编号/

名称"栏后单击拓展按钮，弹出"符号选择"窗口，选择结构盒图形符号。

打开"格式"选项卡，在"属性-分配"列表中显示结构盒图形符号：长方形的起点、终点、宽度、高度与角度；还可以设置长方形的线型、线宽、颜色等参数。

（二）结构盒属性

为符合电路设计要求，结构盒需要进行参数设置。

1. 添加空白区域

选择菜单栏中的"选项"→"设置"命令，系统弹出"设置"窗口，在"项目"→"项目名称"→"图形的编辑"→"常规"选项下，勾选"绘制带有空白区域的结构盒"复选框。

完成设置后，原理图中添加结构盒，向内移动设备标识符，结构盒显示带有空白区域。

2. 传予设置

在页导航器的树结构视图中选定项目，选择菜单栏中的"项目"→"属性"命令，或在该项目上单击右键，选择"属性"命令，弹出"项目属性"窗口，打开"结构"选项卡，该选项卡中设置结构盒的参考标识符。单击"其它"按钮，弹出"扩展的项目结构"窗口，切换到"传予"选项卡，勾选"结构盒"复选框。

选择菜单栏中的"项目数据"→"设备"→"导航器"命令，打开"设备"导航器，导航器中显示嵌套的结构盒中的设备，可显示结构盒内的所有元素可以分配给页属性中所指定的结构标识符之外的其他结构标识符，元件与结构盒的关联将同元件与页的关联相同。如图 2-2-3 所示。

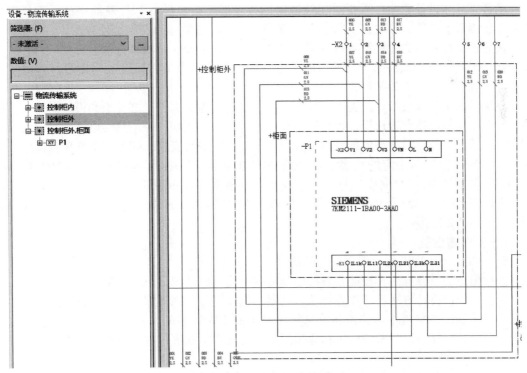

图 2-2-3　嵌套的结构盒中的设备

二、设备

在 EPLAN 中，原理图中的符号叫做元件，元件符号只存在于符号库中。对于一个元件符号，如断路器符号，可以分配（选型）西门子的断路器也可分配 ABB 的断路器。原理图中的元件经过选型，添加部件后称为设备，既有图形表达，又有数据信息。

部件是厂商提供的电气设备的数据的集合。部件存放在部件库中，部件主要标识是部件编号，部件编号不单单是数字编号，它包括部件型号、名称、价格、尺寸、技术参数、制造厂商等各种数据。

（一）设备导航器

选择菜单栏中"项目数据"→"设备"→"导航器"命令，打开"设备"导航器，在该导航器中包含项目所有的设备信息，提供和修改设备的功能，包括设备名称的修改、显示格式的改变、显示格式的改变、设备属性的编辑等。总体来说，通过该导航器可以对整个原理图中的设备进行全局的观察及修改，其功能非常强大。

1. 筛选对象的设置

单击"筛选器"面板上最上部的下拉列表按钮，可在该下拉列表框中选择想要查看的对象类别。

2. 定位对象的设置

在"设备"导航器中还可以快速定位导航器中的元件在原理图中的位置。选择项目文件下的设备，单击鼠标右键，选择"转到（图形）"命令，自动打开该设备所在的原理图页，并高亮显示该设备的图形符号。

（二）新建设备

图样未开始设计之前，需要对项目数据进行规划，在"设备"导航器中显示选择项目中需要使用到的部件，预先在"设备"导航器中建立设备的标识符和部件数据。

放置设备相当于为元件符号选择部件，进行选型，下面介绍具体方法。

在"设备"导航器中选中要选型的元件，单击右键，选择"新设备"命令，弹出"部件选择"窗口，如图 2-2-4 所示。

在该窗口中显示按专业分类的部件，部件可以分类为零部件、部件组和模块。同一个部件，可以作为零部件直接选择，也可以选择一个部件组。例如，一个热继电器，可以直接安装在接触器上，与接触器组成部件组，也可以配上底座单独安装，作为零部件单独使用。

在该窗口中选择相应的设备，例如选中"继电器、接触器"→"SIE. 3RT2015-1AP04-3MA0"，单击"确定"，完成选择，在"设备"导航器中显示新添加的接触器设备 K1，部件组 K1 直接放置到原理图中，部件组下零部件"常开触点，主触点"也可单独放置在原理图中。如图 2-2-5 所示。

（三）放置设备

EPLAN 设计原理图的一般方法包括两种。

面向图形的设计方法：按照一般的绘制流程，绘制原理图、元件选型、生成报表；

面向对象的设计方法：可以直接从导航器中拖拽设备到原理图中，忽略选型的过程。

在"设备"导航器中新建设备，选择项目中需要使用到的部件，在导航器中建立多个未放置的设备，标识设备未被放置在原理图中，还需要重新进行放置操作。

1. 直接放置

选中设备导航器中的设备，按住鼠标左键向图样中拖动，将设备从导航器中拖至图样上，鼠标上显示插入符号，松开鼠标，在光标上显示浮动的设备符号，选择需要放置的位置，单击鼠标左键，设备被放置在原理图中。

2. 菜单栏命令

选择菜单栏中的"插入"→"设备"命令，弹出"部件选择"窗口，选择需要的零部件或部件组，完成零部件选择后，单击"确定"，原理图中在光标上显示浮动的设备符号，选择需要放置的位置，单击鼠标左键，设备被放置在原理图中。同时，在"设备"导航器中显示新添加的设备。

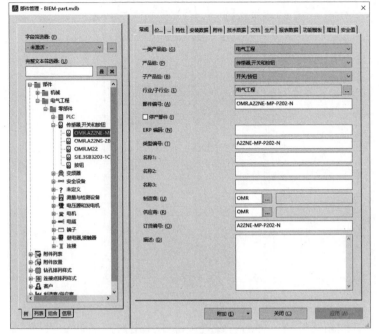

图 2-2-4　"部件选择"窗口

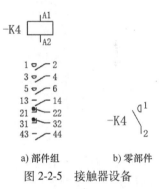

a) 部件组　　b) 零部件

图 2-2-5　接触器设备

3. 快捷命令放置

在"设备"导航器中选择要放置的设备，单击鼠标右键，选择"放置"命令，原理图中在光标上显示浮动的设备符号，选择需要放置的位置，单击鼠标左键，设备被放置在原理图中；选择"功能放置"→"通过符号图形"命令，原理图中在光标上显示浮动的设备标识符符号，选择需要放置的位置，单击鼠标左键，设备标识符被放置在原理图中；选择"功能放置"→"通过宏图形"命令，原理图中在光标上显示浮动的设备宏图形符号，选择需要放置的位置，单击鼠标左键，设备宏图形被放置在原理图中。

（四）设备属性设置

双击放置到原理图的部件，弹出属性窗口，这里主要介绍"部件"选项卡，如图 2-2-6 所示，显示该设备中已添加部件，即已经选型。

1. "部件编号-件数/数量"列表

在左侧"部件编号-件数/数量"列表中显示添加的部件。单击空白行"部件编号"中的拓展按钮，系统弹出"部件选择"窗口，在该窗口中显示部件管理库，可浏览所有部件信息，为元件符号选择正确的元器件。

部件库包括机械、流体、电气工程等专业，在相应专业下的部件组或零部件产品中有需要的元器件，还可在右侧的选项卡中设置部件常规属性，包括为元件符号制定部件编号，但由于是自定义选择元器件，因此需要用户查找手册，选择正确的元器件，否则容易造成元件符号与部件不匹配的情况，导致符号功能与部件功能不一致。

2. "数据源"下拉列表

"数据源"下拉列表中显示部件库的数据库，一般情况下选择"默认"或者已建立好的

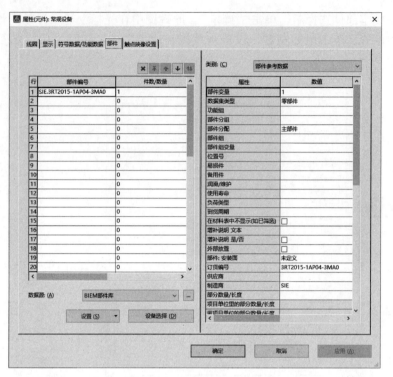

图 2-2-6 "部件"选项卡

公司部件库，若有需要，可单击右侧拓展按钮，弹出"设置：部件（用户）"窗口，设置新的数据源，在该窗口中显示默认部件库的数据源为"Access"，在后面的文本框中显示数据源路径，该路径与软件安装的路径有关。

单击"设置"按钮的下拉菜单，选中"选择设备"命令，系统弹出如图 2-2-7 所示的"设置：设备选择"窗口，在该窗口下显示选择的设备的参数设置。

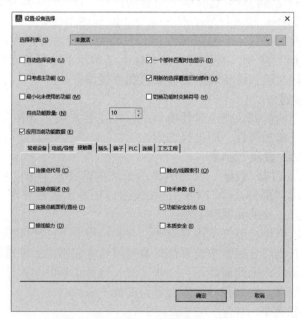

图 2-2-7 "设置：设备选择"窗口

单击"设置"按钮的下拉菜单，选中"部件选择（项目）"命令，系统弹出如图 2-2-8 所示的"设置：部件选择（项目）"窗口，在该窗口下显示部件从项目中选择或自定义选择。

单击"设备选择"按钮，弹出如图 2-2-9 所示的"设备选择"窗口，在该窗口中进行智能选型，在该窗口中自动显示筛选后的与元件符号相匹配的元件的部件信息。该窗口中不显示所有的元件部件信息，而显示一致性的部件。这种方法即节省了查找部件的时间，也避免了匹配错误部件的情况。

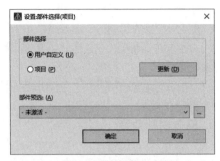

图 2-2-8　"设置：部件选择（项目）"窗口

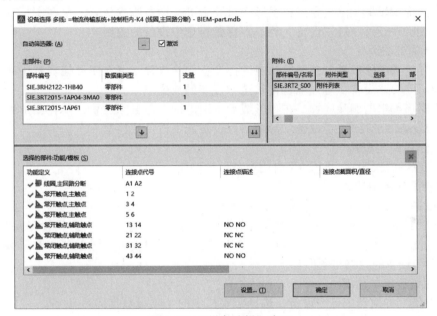

图 2-2-9　"设备选择"窗口

（五）更换设备

两个不同的设备之间更换，交换的不只是图形符号，相关设备的所有功能都被交换。

在"设备"导航器中选择要交换的两个设备，选择菜单栏中的"项目数据"→"设备"→"更换"命令，交换两个设备。

（六）设备的删除和删除放置

设备的删除包括删除和删除放置，删除可以在导航器中进行，也可以在图形编辑器中进行，对于选型和未选型的设备进行删除操作得到的结果是不同的。

1. 删除设备

（1）未选型的设备

1）用导航器删除。在"设备"导航器中选择未选型的设备，选择菜单栏中的"编辑"→"删除"命令，或单击"默认"工具栏中的"删除"按钮，或单击右键→"删除"命令，或按住键盘"Delete"键，弹出"删除对象"窗口，单击"是"按钮，删除被选中的设备，"设备"导航器与图形编辑器中都将删除被选中设备的数据与图形。

2）用图形编辑器删除。在图形编辑器中选择未选型的设备，进行删除，删除被选中的设备。

（2）已选型的设备

1）用导航器删除。在导航器中删除被选中的设备，"设备"导航器与图形编辑器中都将删除被选中设备的数据与图形。

2）用图形编辑器删除。在图形编辑器中删除被选中设备，在"设备"导航器中依旧显示已选型设备的数据。

2. 设备删除放置

（1）未选型的设备

1）用导航器删除放置。在"设备"导航器中选择未选型的设备，选择菜单栏中的"编辑"→"删除放置"命令，弹出"删除放置"窗口，单击"是"按钮，仅在图形编辑器中删除被选中的设备图形符号，"设备"导航器保留被选中设备的数据。

2）用图形编辑器删除放置。在图形编辑器中进行设备删除放置，仅在图形编辑器中删除被选中的设备图形符号，"设备"导航器保留被选中设备的数据。

（2）已选型的设备

1）用导航器删除放置。在导航器中进行设备删除放置，仅在图形编辑器中删除被选中的设备图形符号，"设备"导航器保留被选中设备的数据。

2）用图形编辑器删除放置。在图形编辑器中进行设备删除放置，仅在图形编辑器中删除被选中的设备图形符号，"设备"导航器保留被选中设备的数据。

（七）启用停用设备

为防止设备的误删除，EPLAN启用设备保护功能。

1. 启用设备保护功能

在"设备"导航器中选中设备，选择菜单栏中"项目数据"→"设备"→"启用设备保护"命令，"设备"导航器中选中的设备前添加橙色圆圈，表示设备启用设备保护。此时，如果删除该设备，就会弹出"无法删除所选对象"提示，"设备"导航器与图形编辑器中都将保留被选中设备的数据与图形。

2. 停用设备保护功能

在"设备"导航器中选中设备，选择菜单栏中的"项目数据"→"设备"→"停用设备保护"命令，"设备"导航器中选中设备前橙色圆圈标记取消，停用设备保护。

【技能操作】

一、设备插入

步骤一：插入断路器和电机

单击"插入"→"设备"，弹出"部件选择"窗口，在其左侧窗口中，选中"安全设备"中的"SIE.3RV2011-1AA15"，如图2-2-10所示，单击"确定"按钮，在图样合适位置，单击鼠标，插入断路器Q1；同样的方法，选中"电机"中的"SIE.1TL0001-1DB3"，单击"确定"按钮，插入电机M1，如图2-2-11所示。

步骤二：插入交流接触器

交流接触器所涉及的符号比较多，根据图形，首先插入交流接触器的主触点符号。单击"符号"按钮，弹出"符号选择"窗口，在其左侧窗口中，选中"常开触点，2个连接点"，在右侧窗口中，选中第三个图标"SL常开触点，主触点"，如图2-2-12所示，单击"确定"，在电源下端，单击鼠标，拖拽鼠标，完成三个主触点图标的插入；

再双击第二个主触点图标，修改连接点代号为"3¶4"，如同 2-2-13 所示；同样修改第三个主触点图标的连接点代号为"5¶6"，单击"确定"按钮，暂时不用修改该交流接触器的产品标识符，完成第一个交流接触器在主电路上图标的插入。选中该交流接触器，通过复制粘贴，弹出"插入模式"窗口，选中"编号"，如图 2-2-14 所示，单击"确定"按钮，绘制一个同样的设备图符，但标识符数字由原有的"–?K1"变成了"–?K2"，如图 2-2-15 所示。

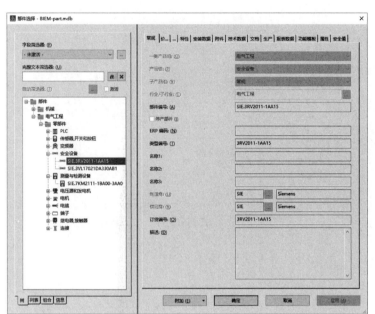

图 2-2-10　选中"安全设备"中的"SIE. 3RV2011-1AA15"

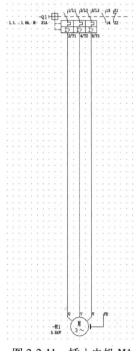

图 2-2-11　插入电机 M1

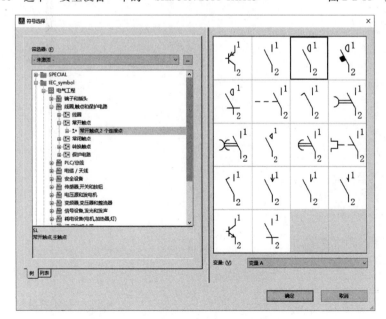

图 2-2-12　选中"常开触点，2 个连接点"

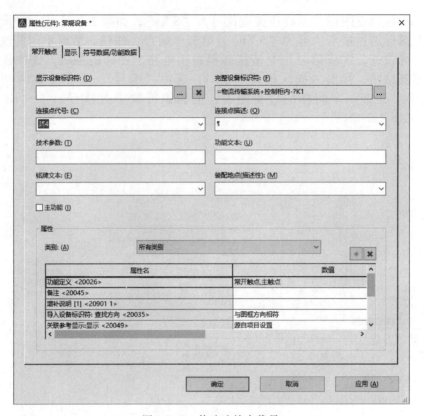

图 2-2-13　修改连接点代号

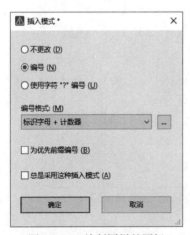

图 2-2-14　绘制同样的图标

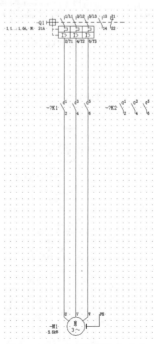

图 2-2-15　标识符数字改变

二、生成和插入端子排 X3

在端子排导航器中，单击右键→新功能，弹出"生成功能"窗口，修改符号为 X3，编号式样为 1-12，如图 2-2-16 所示，单击"确定"，选中 X3 的"1-12"号端子，单击右键→属性，端子选型为"PXC.3211814"，如图 2-2-17 所示，生成端子排定义，型号选择为"PXC.1004322"，再选中 X3 中"1-4"号端子，单击右键→"放置"，在"电机"上方，依次单击鼠标，完成电机与控制柜之间连接的端子插入，如图 2-2-18 所示。

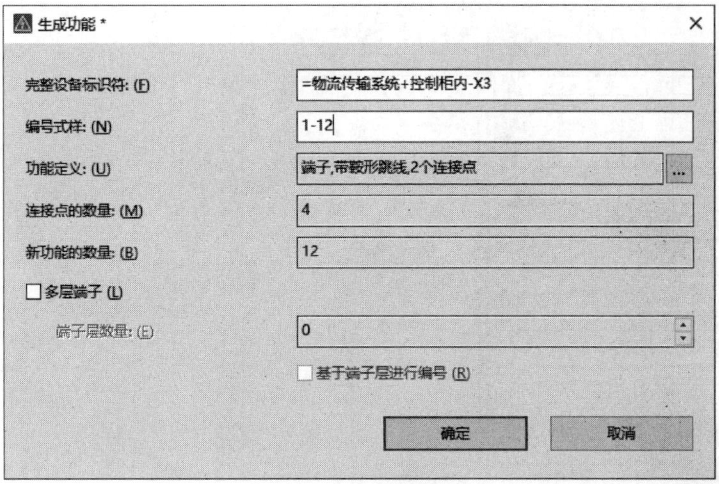

图 2-2-16　编号式样为 1-12

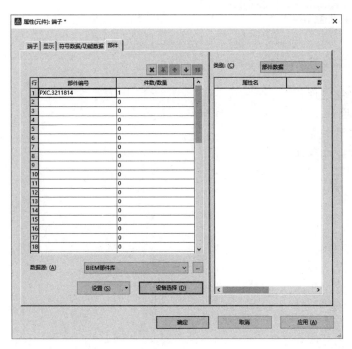

图 2-2-17　端子选型为"PXC.3211814"

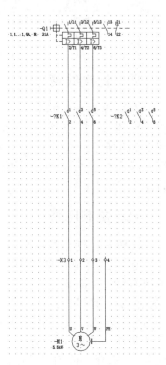

图 2-2-18　完成端子插入

三、插入电缆

单击"插入"→"电缆定义",在电机的上方,单击鼠标,引出电缆,再次单击鼠标,弹出"属性"窗口,选中其"部件"选项卡,单击"设备选择"按钮,选中"LAPP.0035 0133",如图 2-2-19 所示;单击"确定",再次单击"确定",完成电缆 W1 插入,如图 2-2-20 所示。

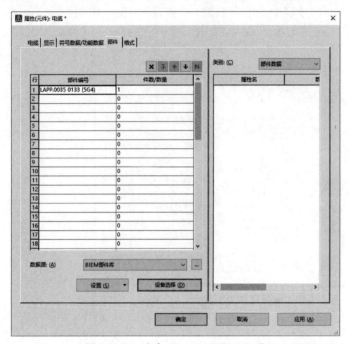

图 2-2-19 选中"LAPP.0035 0133"

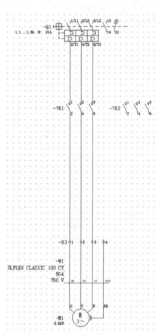

图 2-2-20 完成电缆 W1 的插入

四、连接线路

在主界面的连接符号中选中合适连接符,按照任务要求进行电路连接,如图 2-2-21所示。注意在连接过程中不能使用直线命令,只能使用连接符号,连线是自动生成的。

五、复制电路

步骤一: 创建符号宏

选择已绘制好的电机正反转主电路,单击右键→"创建窗口宏/符号宏",弹出"另存为"窗口,如图 2-2-22 所示,在文件名栏中输入"电机正反转主电路宏",单击"附加"右侧下拉菜单,单击"定义基准点",选择合适的基准点,如图 2-2-23 所示,单击"确定",完成符号宏创建。

步骤二: 插入符号宏

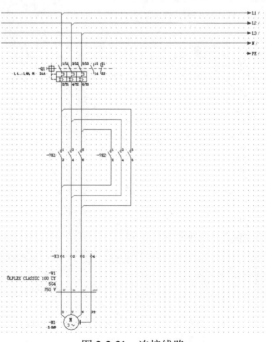

图 2-2-21 连接线路

单击"插入"→"窗口宏/符号宏"，弹出"选择宏"窗口，如图 2-2-24 所示，选中"电机正反转主电路宏"，单击"打开"，选中合适的插入位置，单击鼠标，弹出"插入模式"，选中"编号"，单击"确定"，完成宏的插入，如图 2-2-25 所示。

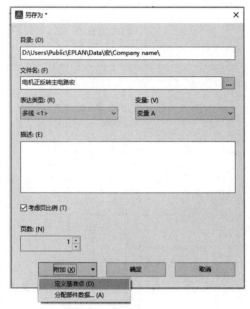

图 2-2-22　"另存为"窗口

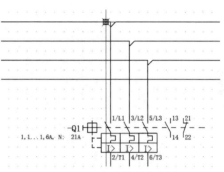

图 2-2-23　完成符号宏创建

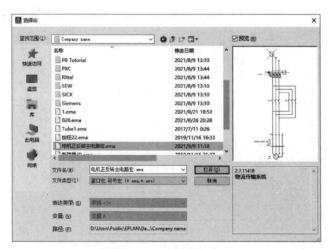

图 2-2-24　"选择宏"窗口

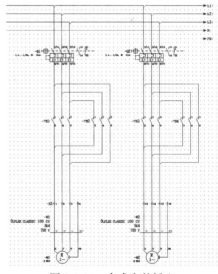

图 2-2-25　完成宏的插入

六、整理电路

步骤一：连接"PE"线

首先，移动"PE 中断点"到合适的位置，再利用连接符号，按照任务要求进行电路连接，如图 2-2-26 所示。

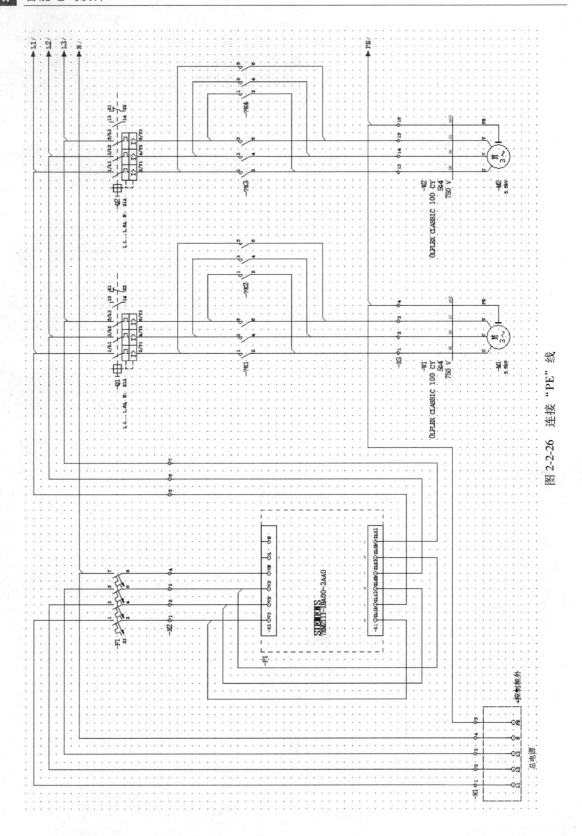

图 2-2-26 连接 "PE" 线

步骤二：插入结构盒

单击"结构盒"按钮，在"电缆"左上角的位置，单击鼠标，拖拽鼠标到"电机"的右下角，再次单击鼠标，弹出"属性"窗口，单击"完整设备标识符"右侧"拓展"按钮，修改位置代号为"控制柜外"，单击"确定"，再次单击"确定"，再次单击"确定"。

步骤三：修改端子

删除电机 M2 的连接端子，跟前面端子插入方法一致，选中端子排导航器中"X3"中"5-8"号端子，单击鼠标右键→"放置"，在合适的位置完成端子插入。

步骤四：添加路径功能文本

单击"路径功能文本"按钮，弹出"属性"窗口，输入"辊床1"，单击"确定"，将其插入在电机 M1 下方，在电机 M2 下方插入"辊床2"，如图 2-2-27 所示，完成操作。

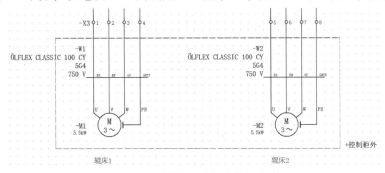

图 2-2-27 添加"路径功能"文本

任务三 变频器控制回路绘制

📖【任务描述】

如图 2-3-1 所示，在任务二的基础上，绘制变频器控制回路。

具体要求：

1）新建一个名称为"变频器及直流电源"的多线原理图页；

2）电机 M3 由变频器控制；

3）电机 M3 引入电缆 W3，通过端子 X3 连接到控制柜。

注意事项：

图中设备型号和数量见表 2-3-1。

表 2-3-1 图中设备型号和数量

序号	设备	型号	数量
1	断路器 Q3	SIE. 3RV2011-1AA15	1
2	交流接触器	仅绘制主触点符号，暂不添加型号	1
3	电缆 W3	LAPP. 0035 0133	1
4	电机 M3	SIE. 1TL0001-1DB3	1
5	端子排 X3	调用 9-12 号端子	12
6	变频器 U1	OMR. 3G3MX2-A2002-V1	1

智能电气设计 EPLAN

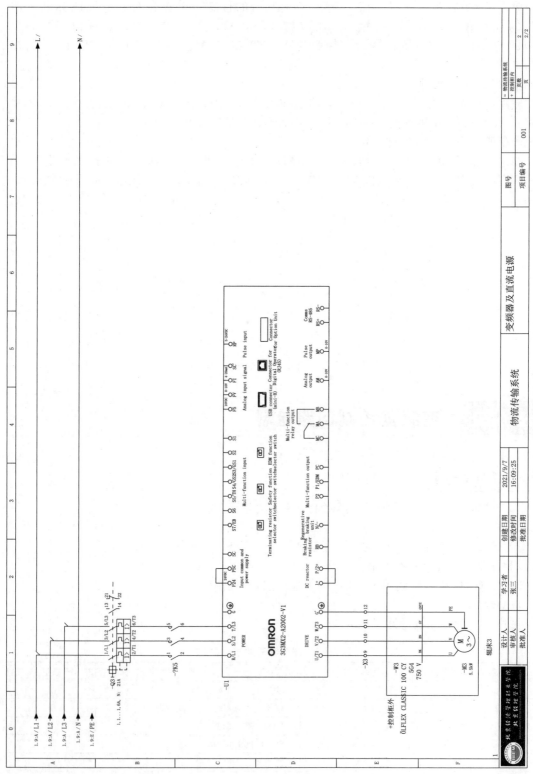

图 2-3-1 变频器控制回路

78

【术语解释】

一、电缆

电线电缆的制造与大多数机电产品的生产方式是完全不同，电线电缆是以长度为基本计量单位。所有电线电缆都是从导体加工开始，在导体的外围一层一层地加上绝缘、屏蔽、成缆、护层等而制成电线电缆产品，产品结构越复杂，叠加的层次就越多。

电缆有控制电缆、屏蔽电缆等，都是由单股或多股导线和绝缘层组成的，用来连接电路、电器等。

（一）电缆定义

在 EPLAN 中电缆通过电缆定义体现，也可通过电缆定义线或屏蔽对电缆进行图形显示，在生成的电缆总览表中看到该电缆对应的各个线号。电缆分为外部绝缘和内部导体组成。电缆的功能是基于连接的。因为绘制时不会立即更新连接，也可在更新连接后生成和更新电缆。

1. 插入电缆

选择菜单栏中的"插入"→"电缆定义"命令，此时光标变成交叉形状并附加一个电缆符号，将光标移动到需要插入电缆的位置上，单击鼠标左键确定电缆第一点，移动光标，选择电缆的第二点，在原理图中单击鼠标左键确定插入电缆，此时光标仍处于插入电缆的状态，重复上述操作可以继续插入其他的电缆。电缆插入完毕，按右键"取消操作"命令或"Esc"键即可退出该操作。

2. 确定电缆方向

在光标处于放置电缆的状态时按"Tab"键，旋转电缆符号，变换电缆连接模式。

3. 设置电缆的属性

在插入电缆的过程中，用户可以对电缆的属性进行设置。双击电缆或插入电缆后，弹出电缆属性设置窗口，如图 2-3-2 所示，在该窗口中可以对电缆的属性进行设置。

在"显示设备标识符"中输入电缆的编号，电缆名称可以是信号的名称，也可以自己定义。

在"类型"文本框中选择电缆的类型，单击右侧拓展按钮，弹出"部件选择"窗口，在该窗口中选择电缆的型号，完成选择后，单击"确定"，关闭窗口，返回电缆属性设置窗口，显示选择类型后，根据类型自动更新类型对应的连接数。

打开"符号数据/功能数据"选项卡，显示电缆的符号数据，在"编号/名称"文本框中显示电缆符号编号，单击"拓展"按钮，弹出"符号选择"窗口，在符号库中可选择需要的电缆符号。

（二）电缆默认参数

选择菜单栏中的"选项"→"设置"命令，或单击"默认"工具栏中的"设置"按钮，系统弹出"设置"窗口。

选择"项目"→"设备"→"电缆"选项，打开电缆设置窗口，在该窗口包括电缆长度、电缆和连接、默认电缆型号，如图 2-3-3 所示。

单击"默认电缆"文本框后的拓展按钮，弹出"部件选择"窗口，在符号库中重新选

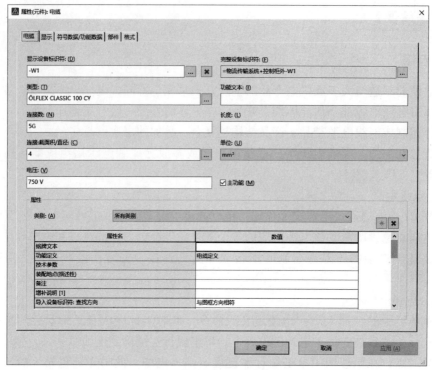

图 2-3-2　电缆属性设置窗口

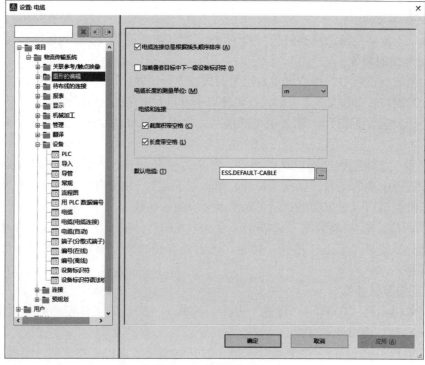

图 2-3-3　电缆设置窗口

择电缆部件型号。

选择"项目"→"设备"→"电缆（电缆连接）"选项，显示电缆连接参数，在"编号/名称"文本框中单击右侧"拓展"按钮，弹出"符号选择"窗口，在符号库中可选择需要的电缆符号。

通过"设置"窗口中设置的电缆数据适用于选择的整个项目中的所有电缆。原理图中，单个电缆进行属性设置过程中，选择电缆部件及电缆符号时只适用选择的单个电缆。

（三）电缆连接定义

在 EPLAN 中放置电缆定义时，电缆定义和自动连线相交处会自动生成电缆连接定义。

单个电缆连接可通过连接定义点或功能连接点逻辑中的电缆连接点属性来定义，双击原理图中的电缆连接，或在电缆连接上单击鼠标右键选择"属性"命令，或将电缆连接放置到原理图中，自动弹出属性窗口。

（四）电缆导航器

选择菜单栏中的"项目数据"→"电缆"→"导航器"命令，打开"电缆"导航器，在该导航器中显示电缆定义与该电缆连接的导线及元件。

在选中的导线上单击鼠标右键，选择"属性"命令，弹出"属性（元件）：电缆"窗口，在"显示设备标识符"中输入电缆定义的名称。

在导航器项目上单击鼠标右键，选择"新建"命令，弹出"功能定义"窗口，定义电缆，默认标识符为 W，单击"确定"，自动弹出创建的电缆的"属性（元件）：电缆"窗口。

在"显示设备标识符"中显示电缆定义的名称，在"类型"文本框选择电缆类型，自动显示该类型下的连接数、连接截面积/直径、电压等参数。

完成参数设置后，单击"确定"，在"电缆"导航器中显示创建的电缆。

在"电缆"导航器下创建的电缆上单击鼠标右键，选择"放置"命令，此时光标变成交叉形状并附加一个电缆符号。

将光标移动到需要插入电缆的位置上，单击鼠标左键确定电缆第一点，移动光标，选择电缆的第二点，在原理图中单击鼠标左键确定插入电缆。此时，光标仍处于插入电缆的状态，重复上述操作可以继续插入其他的电缆。电缆插入完毕，按右键"取消操作"命令或按键盘"Esc"键即可退出该操作。

（五）电缆选型

电缆选型分为自动选型和手动选型两种。

1. 自动选型

双击电缆或在插入电缆后，弹出电缆属性设置窗口，打开"部件"选项卡，单击"设备选择"按钮，弹出"设备选择"窗口，在该窗口中选择主部件电缆编号，完成选型。

2. 手动选型

打开"部件"选项卡，在"部件编号"中单击"拓展"按钮，弹出"部件选择"窗口，EPLAN 会根据电缆的芯数以及电缆的电位等信息，将部件库中符合条件的电缆筛选出来，选择满足条件的电缆，完成选型。

（六）多芯电缆

在 EPLAN 中放置电缆时，可根据电缆放置的位置进行标识。

1. 功能设置

默认情况下，在同一位置使用电缆添加电缆定义时，电缆与每个连接都有一个电缆连接点，根据电缆的定义点可确定电缆分配的芯线数。在原理图中不同位置可定义相同完整标识符的电缆，只有一条为"主功能"，表示这些电缆均为同一条电缆，只是位于不同的位置。

2. 插入连接定义点

选择菜单栏中的"插入"→"连接定义点"命令，将光标移动到需要插入连接定义点的导线上，弹出连接定义点属性设置窗口，在该窗口中设置连接定义点的"连接：归属性"为"电缆"，在"显示设备标识符"文本框中输入对应的电缆标识符。

（七）电缆编辑

1. 电缆编辑

在原理图中或"电缆"导航器中选择电缆，选择菜单栏中的"项目数据"→"电缆"→"编辑"命令，弹出"编辑电缆"窗口，如图 2-3-4 所示，在该窗口中显示电缆编号与连接，在手动选项不匹配的情况下，通过单击该窗口的"向上移动""向下移动"按钮，手动调节连接的顺序，从而达到正确分配电缆的目的。采用这种方法，避免手动更改原理图中电缆的芯线，步骤简单。

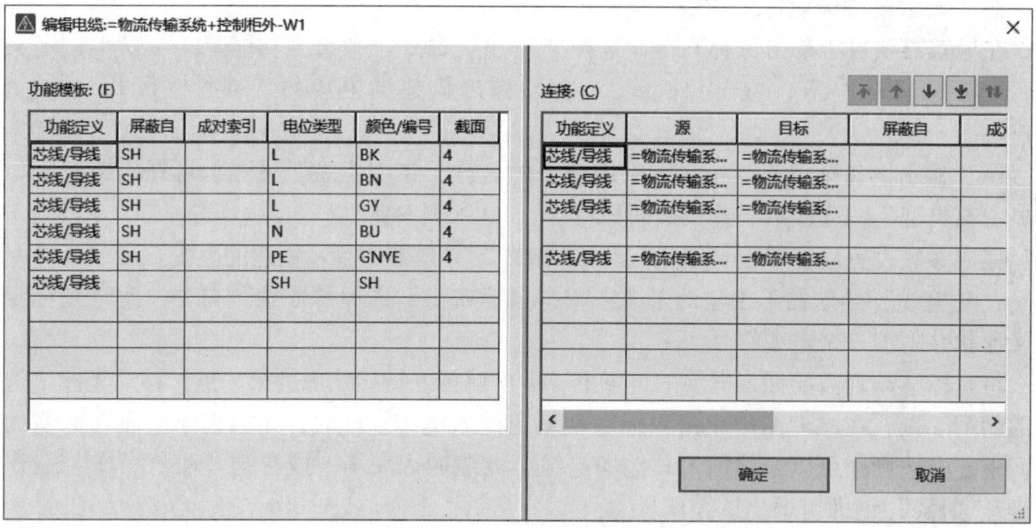

图 2-3-4 "编辑电缆"窗口

2. 电缆编号

项目数据的来源不同，包含的编号规则不同，为统一规则，对电缆进行重新编号。

选择"编号"命令，弹出"对电缆编号"窗口，该窗口显示编号的起始值与增量。单击"设置"选项后的拓展按钮，弹出"设置：电缆编号"窗口，在该窗口进行编号格式设置。

在"配置"下拉列表中显示系统中的配置类型，利用"新建""保存""复制""删除"的按钮进行相关配置操作。

在"格式"下拉菜单中包括"来自项目结构""根据源""根据目标""根据源和目标""根据目标和源"几种格式。

3. 自动选择电缆

选择"自动选择电缆"命令，弹出"自动选择电缆"窗口，在"设置"下拉列表中选择默认配置或通过"拓展"按钮新建一个配置。

在弹出的"设置：自动选择电缆"窗口中，单击"配置"选项右侧的"新建"按钮，弹出"新配置"窗口，新建配置。

自动选择电缆不是自动在符号库中选择电缆，而是需要添加可供选择的电缆。单击"电缆预选"列表上的"新建"按钮，弹出"部件选择"窗口，选择电缆类型，预先在列表中添加选中的电缆。

单击"电缆预选"列表上的"编辑"按钮，编辑选中的电缆型号；单击"删除"按钮，删除预添加的电缆；单击"向上移动""向下移动"按钮，调整电缆顺序。

4. 自动生成电缆

在 EPLAN 中可直接自动生成电缆及电缆的一些功能。

选择"自动生成电缆"命令，弹出"自动生成电缆"窗口，在"电缆生成""电缆编号""自动选择电缆"选项组下设置新生成的电缆参数，默认参数，勾选"结果预览"复选框，对电缆编号进行预览，若发现错误，还可以进行更改。完成设置后，原理图中将会更改电缆的编号，在"电缆"导航器中同样显示自动生成前后电缆编号的变化。

5. 分配电缆

分配电缆连接中的芯线与其他对象。

选择"分配电缆"命令，该命令下包括两个分配命令："保留现有属性"和"全部重新分配"。"保留现有属性"：把电缆中的新芯线分配给新的连接时，不影响原有的芯线连接；"全部重新分配"：把当前电缆新芯线分配给新连接时，将所有的芯线（包括已连接的芯线）进行重新分配，已连接的芯线重新分配可能发生变化，也可能不发生变化。

（八）屏蔽电缆

在电气工程设计中，屏蔽线是为了减少外电磁场对电源或通信线缆的影响。屏蔽线的屏蔽层需要接地，外来的干扰信号可被该层导入大地。

1. 插入屏蔽电缆

选择菜单栏中的"插入"→"屏蔽"命令，此时光标变成交叉形状并附加一个屏蔽符号。将光标移动到需要插入屏蔽的位置上，单击鼠标左键确定屏蔽第一点，移动光标，选择屏蔽的第二点，在原理图中单击鼠标左键确定插入屏蔽，此时光标仍处于插入屏蔽的状态，重复上述操作可以继续插入其他屏蔽。屏蔽插入完毕，按右键"取消操作"命令或"Esc"键即可退出该操作。

在图样中绘制屏蔽的时候，需要从右往左放置，屏蔽符号本身带有一个连接点，具有连接属性。

2. 设置屏蔽的属性

双击屏蔽，弹出屏蔽属性设置窗口，在该窗口中可以对屏蔽的属性进行设置。

在"显示设备标识符"中输入屏蔽的编号，单击右侧"拓展"按钮，弹出"设备标识符"窗口，在该窗口中选择要屏蔽的电缆标识符。

打开"符号数据/功能数据"选项卡，显示屏蔽的符号数据。完成电缆选择后的屏蔽，屏蔽层需要接地，可以通过连接符号来生成自动连线。

二、宏

在 EPLAN 中，原理图中存在大量标准电路，可将项目页上某些元素或区域组成的部分标注电路保存为宏，可根据需要随时把已经定义好的宏插入到原理图的任意位置，对于某些控制回路，做成宏之后调用能起到事半功倍的效果，如起保停电路、自动往返电路等，以后即可反复调用。

（一）创建宏

在原理图设计过程中经常会重复使用的部分电路或典型电路被保存可调用的模块称之为宏，如果每次都重新绘制这些电路模块，不仅造成大量的重复工作，而且存储这些电路模块及其信息要占据相当大的磁盘空间。

在 EPLAN 中，宏可分为窗口宏、符号宏和页面宏。

1）窗口宏：宏包括单页的范围或位于页的全部对象。插入时，窗口宏附着在光标上并能自由定位于 X 和 Y 方向，窗口宏的后缀名为"＊. ema"。

2）符号宏：可以将符号宏认为是符号库的补充。符号宏和窗口宏的内容没有本质区别，主要是为了区分和方便管理。例如可将显示相应单位的多个符号或对象归总成一个对象。将符号宏模拟创建到窗口宏，但在相同的目录下用另外的文件名扩展进行设置。符号宏的后缀名为"＊. ems"。

3）页面宏：包含一页或多页的项目图样，其扩展名"＊. emp"。

框选选中某部分电路，选择菜单栏中的"编辑"→"创建窗口宏/符号宏"命令，或在选中电路上单击鼠标右键选择"创建窗口宏/符号宏"命令，或按"Ctrl+5"键，系统将弹出"另存为"窗口。

在"目录"文本框中输入宏目录，在"文件名"文本框中输入宏名称，单击"拓展"按钮，弹出宏类型"另存为"窗口，在该窗口中可选择文件类型、文件目录、文件名称、显示宏的图形符号与描述信息。

在"表达类型"下拉列表中显示 EPLAN 中的宏类型。宏的表达类型用于排序，有助于管理宏，但对宏中的功能没有影响，仍保持各自的表达类型。

1）多线：适用于放置在多线原理图页上的宏。

2）多线流体：适用于放置在流体工程原理图页中的宏。

3）总览：适用于放置在总览页上的宏。

4）成对关联参考：适用于实现成对关联参考的宏。

5）单线：适用于放置在单线原理图页上的宏。

6）拓扑：适用于放置在拓扑图页上的宏。

7）管道及仪表流程图：适用于放置在管道及仪表流程图页中的宏。

8）功能：适用于放置在功能原理图页中的宏。

9）安装板布局：适用于放置在预规划图页中的宏，在预规划宏中"考虑页比例"不可激活。

10）图形：适用于只包含图形元件的宏。既不在报表中，也不在错误检查和形成关联参考时考虑图形元件，也不将其收集为目标。

在"变量"下拉列表中可选择从变量 A 到变量 P 的 16 个变量。在同一个文件名称下，可为一个宏创建不同的变量。标准情况下，宏默认保存为"变量A"。EPLAN中可为一个宏的每个表达类型最多创建16个变量。

在"描述"栏输入设备组成的宏的注释性文本或技术参数文本，用于在选择宏时方便选择。勾选"考虑页比例"复选框，则宏在插入时会进行外观调整，其原始大小保持不变，但在页上会根据已设置的比例尺放大或缩小显示。如果未勾选复选框，则宏会根据页比例相应地放大或缩小。

在"页数"文本框中默认显示原理图页数为1，固定不变。窗口宏与符号宏的对象不能超出一页。

在"附加"按钮下选择"定义基准点"命令，在创建宏时重新定义基准点；选择"分配部件数据"命令，为宏分配部件。

单击"确定"，完成窗口宏"＊.ema"宏创建，符号宏的创建方法与之相同，符号宏后缀名改为"＊.ems"即可。在目录下创建的宏为一个整体，在后面使用时可插入，但创建原理图中创建宏的部分电路不是整体，取消选中后的部分电路中设备与连接导线仍是单独的个体。

（二）插入宏

选择菜单栏中"插入"→"窗口宏/符号宏"命令，系统弹出"选择宏"窗口，在之前的保存目录下选择创建的"＊.ema"宏文件。

单击"打开"命令，此时光标变成交叉形状并附加选择的宏符号，将光标移动到需要插入宏的位置上，在原理图中单击鼠标左键确定插入宏。此时系统自动弹出"插入模式"窗口，选择插入宏的标识符编号格式与编号方式。此时，光标仍处于插入宏的状态，重复上述操作可以继续插入其他的宏。宏插入完毕，按右键"取消操作"命令或"Esc"键即可退出操作。

（三）页面宏

由于创建的范围不同，页面宏的创建和插入与窗口宏和符号宏不同。

1. 创建页面宏

在"页"导航器中需要创建为宏的原理图页，选择菜单栏中的"页"→"页宏"→"创建"命令，系统弹出"另存为"窗口。

该窗口与前面创建窗口宏、符号宏相同，激活了"页数"文本框，可选择创建多个页数的宏。

2. 插入页面宏

选择菜单栏中"页"→"页宏"→"插入"命令，系统将弹出"打开"窗口，在之前的保存目录下选择创建的宏文件。

单击"打开"命令，此时系统自动弹出"调整结构"窗口，选择插入的页面宏的编号，完成页面宏插入后，在"页"导航器中显示插入的原理图页。

（四）宏值集

为了使项目的设计更加智能化，EPLAN中不仅添加了宏的定义，还为宏定义了特殊的属性，统称为宏值集。

1. 插入占位符对象

占位符对象是宏值集的标识符，插入占位符对象，也就是插入宏值集的标识符。

选择菜单栏中的"插入"→"占位符对象"命令，此时光标变成交叉形状并附加一个占位符对象符号。

将光标移动到需要设置占位符对象的位置上，移动光标，选择占位符对象插入点，在原理图中框选确定插入占位符对象，如图2-3-5所示。此时光标仍处于插入占位符对象的状态，重复上述操作可以继续插入其他的占位符对象。占位符对象插入完毕，按右键"取消操作"命令或"Esc"键即可退出该操作。

2. 新建变量

双击占位符对象，弹出占位符对象属性设置窗口，在该窗口中可以对占位符对象的属性进行设置，在"名称"中输入占位符对象的名称"电机保护"。

打开"数值"选项，在空白处单击鼠标右键，选择"新变量"命令，弹出"命名新的变量"窗口，输入新建的变量名称"电机"，单击"确定"，结果如图2-3-6所示。

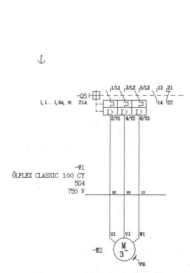

图 2-3-5　插入占位符对象

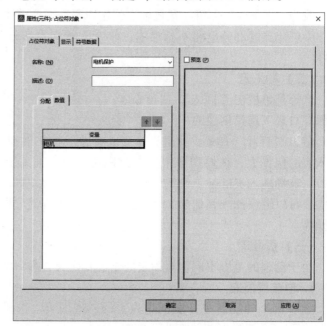

图 2-3-6　添加变量

3. 选择变量

打开"分配"选项，显示元件下的属性，选择"电机保护开关，三级"→"=物流传输系统+控制柜内"→"技术参数"，在其变量栏中单击右键，选中"选择变量"命令，选择刚新建的变量"电机"，单击"确定"，完成属性变量的添加，如图2-3-7所示。

4. 新建值集

打开"数值"选项卡，在空白处单击鼠标右键，选择"新值集"命令，在变量后自动添加空白的数据值选项，输入新建的值集，添加值集，如图2-3-8所示。

5. 传输变量

返回"分配"选项卡，在空白处单击鼠标右键，选择"传输变量"命令，传输变量，单击"确定"后，返回图形编辑器中，选中项目中的值集符号，通过鼠标右键命令"分配值集"，可快速完成相同型号设备的不同参数切换，如图2-3-9所示。

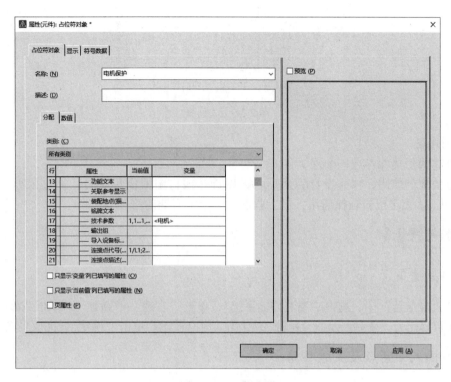

图 2-3-7 选择变量

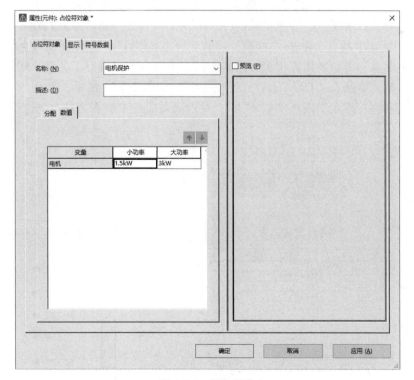

图 2-3-8 添加值集

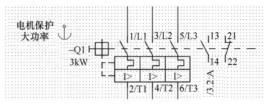

图 2-3-9　宏值集

6. 创建宏

将创建的值集保存成一个宏文件。

通过值集的使用，项目设计完成后，可以选择项目中的值集符号，通过鼠标右键命令"分配值集"，为宏重新选择值集，极大程度上方便了后期的修改。

【技能操作】

一、新建页

在"页导航器"中，选中"物流传输系统"，单击"右键"→"新建"，弹出"新建页"窗口，修改页描述为"变频器及直流电源"，如图 2-3-10 所示，单击"确定"，完成页面新建。

二、插入中断点及关联参考

单击"中断点"按钮，并通过键盘 Tab 键，切换中断点显示状态，选择合适显示状态，单击鼠标，弹出"属性"窗口，单击显示设备标识符栏右侧的拓展按钮，选中"L1"，单击"确定"，再次单击"确定"。图中"1.9：A/L1"表示"L1"相电源来自第一页图样的第 9 列第 A 行，选中该中断点，单击"右键"→"转到（匹配物）"，主界面窗口会切换到第一页图样对应的中断点，再切换回原位置，这表示两个中断点之间进行了关联；同样的方法，在图样的左侧，插入中断点"L2""L3""N""PE"，如图 2-3-11 所示。

在图样的右侧，插入中断点"L""N"，可看到对应的中断点之间自动进行了连接。

图 2-3-10　新建页

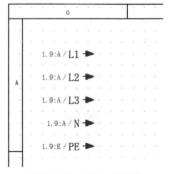

图 2-3-11　插入中断点

三、"窗口宏\符号宏"调用

步骤一：调用"窗口宏\符号宏"

单击"插入"→"窗口宏\符号宏"，弹出"选择宏"窗口，选中"电机正反转主电路宏"，单击"打开"，在合适位置单击鼠标，弹出"插入模式"，单击"确定"，完成宏的插入，如图 2-3-12 所示。

步骤二：修改电路

根据任务要求，删除"-?K6"设备及对应的连接节点，并调整交流接触器所在位置，如图 2-3-13 所示。

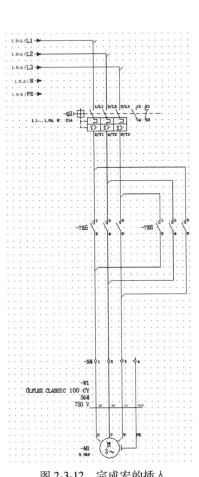

图 2-3-12　完成宏的插入

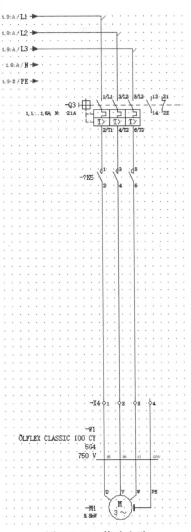

图 2-3-13　修改电路

四、插入变频器

单击"插入"→"设备"，弹出"部件选择"窗口，选中"变频器"中的"OMR. 3G3MX2-

A2002-V1",如图 2-3-14 所示,单击"确定",在合适的位置单击鼠标,弹出"插入模式",再次单击"确定",插入变频器,并自动完成设备之间的连线,如图 2-3-15 所示。

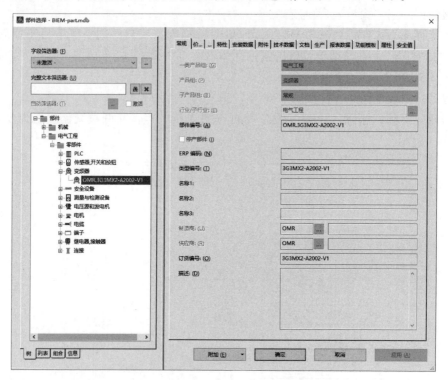

图 2-3-14 选中"变频器"中的"OMR. 3G3MX2-A2002-V1"

五、插入结构盒

单击"结构盒"按钮,在"电缆"左上角的位置,单击鼠标,拖拽鼠标到"电机"的右下角,再次单击鼠标,弹出"属性"窗口,单击完整设备标识符右侧的拓展按钮,修改位置代号为"控制柜外",单击"确定",再次单击"确定",再次单击"确定",完成结构盒插入,如图 2-3-16 所示。

六、修正电路

步骤一: 端子修正

删除电机上方的连接端子,在端子排导航器中,选中"X3"中"9-12"号端子,单击鼠标右键→"放置",在合适的位置,单击鼠标,拖拽鼠标,完成端子插入。

步骤二: 电缆修正

双击电缆 W1,弹出"属性"窗口,将显示设备标识符栏中内容修改为"-W3",单击"确定"。

步骤三: 电机修正

双击电机 M1,弹出"属性"窗口,将显示设备标识符栏中内容修改为"-M3",单击"确定"。

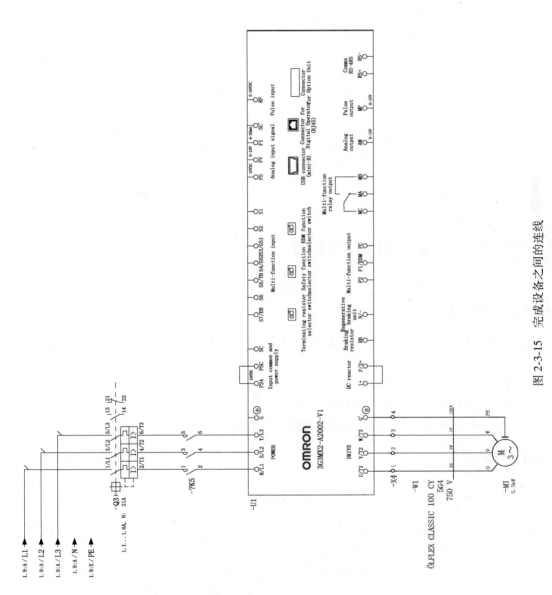

图 2-3-15　完成设备之间的连线

步骤四：添加路径功能文本

单击"路径功能文本"按钮，弹出"属性"窗口，输入"辊床3"，单击"确定"，单击鼠标，将其插入在电机 M3 下方，如图 2-3-17 所示，完成操作。

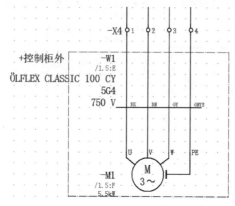

图 2-3-16 插入"结构盒"

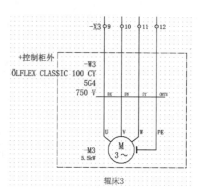

图 2-3-17 添加路径功能文本

任务四 直流电源电路绘制

【任务描述】

如图 2-4-1 所示，在任务三的基础上，绘制图中的直流电源电路。

具体要求：

1）直流电源设备型号为 SIE.6EP1336-1LB00。

2）该直流电源将 AC 220V 电源转换为 DC 24V。

3）电路使用中断点将 DC 24V 电源引入到其他图样。

【术语解释】

一、中断点

中断点之间也是借助于导线完成连接。同一项目的所有电路原理图中，相同名称的中断点之间，在电气意义上都是相互连接的。

EPLAN 是非常优秀的电气制图辅助软件，功能相当强大，在电气原理图中经常用到中断点来表示两张图样使用同一根导线，中断点可以在两个原理图页中跳转。

原理图分散在许多页图样中，之间的联系就靠中断点了。同名的中断点在电气上是连接在一起的，它们之间互为关联参考，选中一个中断点，按"F"键，会跳转到相关联的另一点。不过中断点只能够一一对应，不能一对多或多对一。

（一）插入中断点

选择菜单栏中的"插入"→"连接符号"→"中断点"命令，此时光标变成交叉形状并附加一个中断点符号。

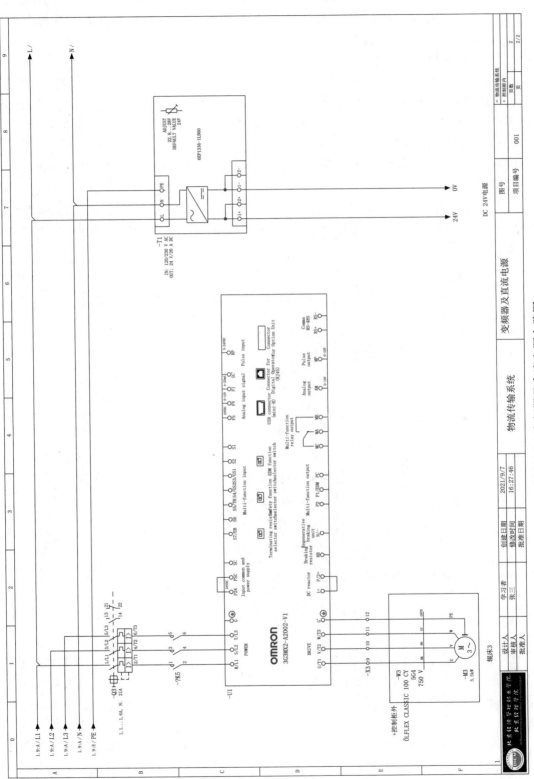

图 2-4-1 变频器及直流电源电路图

将光标移动到需要插入中断点的导线上，单击插入中断点，此时光标仍处于插入中断点的状态，重复上述操作可以继续插入其他的中断点。中断点插入完毕，按右键"取消操作"命令或"Esc"键即可退出该操作。

（二）设置中断点的属性

在插入中断点的过程中，用户可以对中断点的属性进行设置。双击中断点或在插入中断点后，弹出中断点属性设置窗口，在该窗口中可以对中断点的属性进行设置，在"显示设备标识符"中输入中断点的编号，中断点名称可以是信号的名称，也可以自己定义。

（三）中断点关联参考

中断点的关联参考是 EPLAN 自动生成的，它可分为成对的关联参考和星型的关联参考。

1. 选项设置

单击"选项"→"设置"，弹出"设置"窗口，选择"项目"→"项目名称"→"关联参考/触点映像"→"中断点"，如图 2-4-2 所示，设置中断点的关联参考、成对关联参考、星型关联参考的常规属性。

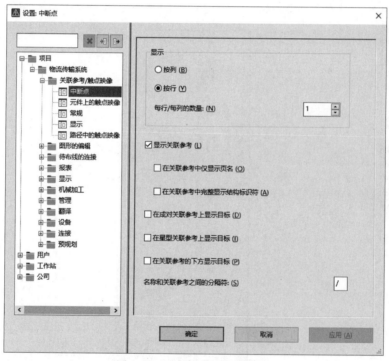

图 2-4-2 "中断点"设置窗口

在"显示"选项下显示关联参考"按行"或"按列"编号，默认"每行/每列的数量"为 1。勾选"显示关联参考"复选框，在原理图中显示关联参考标识；勾选"在关联参考中仅显示页名"，在原理图中显示关联参考的标识符时仅显示页名，如"1"；勾选"在关联参考中完整显示结构标识符"，在原理图中显示关联参考的标识符时仅显示完整的页名；勾选"在成对关联参考上显示目标"，在成对关联参考中显示目标中断点；勾选"在星型关联参考上显示目标"，在星型关联参考上显示目标中断点；勾选"在关联参考的下发显示目标"，在关联参考的下方显示目标中断点。

2. 成对中断点

成对中断点有源中断点和目标中断点。一般情况下，中断点的源放置在图样的右半部分，目标放置在图样的左半部分，因此，根据放置位置可以轻易地区分中断点的源和目标，确定中断点的指向，输入相同设备标识符名称的中断点自动实现关联参考。

在"中断点"导航器上管理和编辑中断点，放置和分配源和目标的排序，源和目标总是成对出现的。

选中成对中断点的源，按下"F"键，切换中断点的目标；同样地选中成对中断点的目标，也切换中断点的源。

选中成对中断点的源，单击鼠标右键，选择"关联参考功能"命令，显示"列表""向前""向后"命令，切换中断点目标与源，选择"列表"命令，可显示中断点的关联参考。

3. 星型中断点

星型中断点由一个起始点（源）与指向该起始点的其余中断点（目标）组成。在星型关联参考中，中断点被视为出发点。具有相同名称的所有其他中断点参考该出发点。源和目标中断，不再只根据放置位置判定，只单纯将源放置在图样的右半部分不能直接判定该中断点为源，在中断点属性设置窗口勾选"星型源"复选框，则该中断点为源。

选择菜单栏中"项目数据"→"连接"→"中断点导航器"命令，系统打开"中断点"导航器，在树形结构中显示所有项目下的中断点。选中中断点，单击鼠标右键，选择"中断点排序"命令，弹出"中断点排序"窗口，通过该窗口中的"向上移动""向下移动"按钮，对中断点的关联顺序进行更改，也可以修改中断点的符号，或者将中断点改为星型。

每个中断点都有一个配对物。如果 EPLAN 无法找到配对物，就会被识别为错误并输入到信息管理。

二、端子

端子通常指的是柜内的通用端子，用来连接电气柜内部元器件和外部设备的桥梁，有内外侧之分，内侧端子一般用于柜内，外侧端子一般作为对外结构，端子的 1 和 2，1 通常指内部，2 指外部（内外部相对于柜体来说）。在原理图中，添加部件的端子是真实的设备。

（一）端子

选择菜单栏中的"插入"→"符号"命令，系统弹出"符号选择"窗口，在其左侧窗口选中"IEC_symbol"→"电气工程"→"端子和插头"→"端子"，右侧窗口显示不同连接点，不同类型的端子符号，如图 2-4-3 所示，每个端子有 8 个变量，分别为变量 A 至变量 H。

选择需要的端子符号，单击"确定"，原理图中在光标上显示浮动的端子符号，端子符号默认为 X?，选择需要放置的位置，单击鼠标左键，自动弹出端子属性设置窗口，端子自动根据原理图中放置的元件编号进行更改，例如，如图 2-4-4 所示，排序显示 X4，单击"确定"，完成设置，端子被放置在原理图中。同时，在"端子排"导航器中显示新添加的端子 X4。此时光标仍处于放置端子的状态，重复上述操作可以继续放置其他的端子。端子放置完毕，按右键"取消操作"命令或"Esc"键即可退出该操作。

在端子属性设置窗口中显示"主端子"与"分散式端子"复选框。其中，勾选"主端子"复选框，表示端子赋予主功能。与设备相同，端子也分主功能与辅助功能，未勾选该

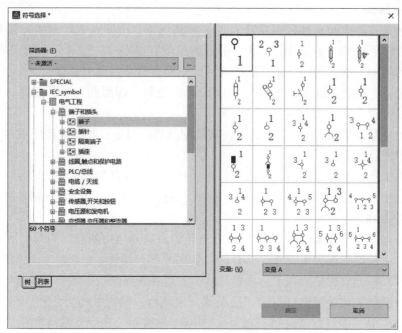

图 2-4-3　端子类型

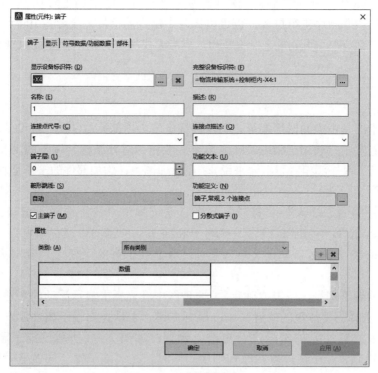

图 2-4-4　属性设置窗口

复选框的端子被称为辅助端子，在原理图中起辅助功能。勾选"分散端子"复选框的端子为分散式端子。

（二）分散式端子

一个端子可以在同一页不同位置或不同页显示，可以用分散式端子。选择菜单栏中的"插入"→"分散式端子"命令，此时光标变成交叉形状并附加一个分散式端子符号。将光标移动到想要插入分散式端子并连接的元件水平或垂直位置上，出现红色的连接符号表示电气连接成功。单击鼠标，确定端子的终点，完成分散式端子与元件之间的电气连接。此时，光标仍处于插入分散式端子的状态，重复上述操作可以继续插入其他的分散式端子。分散式端子放置完毕，按右键"取消操作"命令或"Esc"键即可退出该操作。

双击选中的分散式端子符号或在插入端子的状态时，单击鼠标左键确认插入位置后，自动弹出分散式端子属性设置窗口，如图 2-4-5 所示，显示分散式端子为带鞍形跳线，4 个连接点的端子，单击"确定"，完成设置，分散式端子被放置在原理图中，同时，在"设备"导航器中显示新添加的该分散式端子。

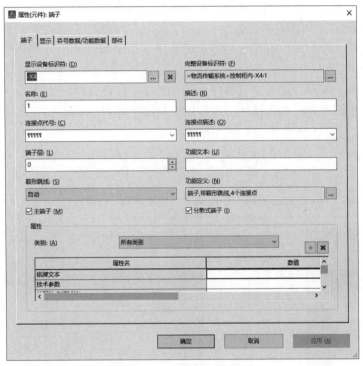

图 2-4-5　属性设置窗口

根据分散式端子属性设置窗口中的"功能定义"显示，在"符号选择"窗口可以找到相同的分散式端子。

（三）端子排

端子排承载多个或多组相互绝缘的端子组件，用于将柜内设备和柜外设备的线路连接，起到信号传输的作用。

1. 插入端子排

选择菜单栏中的"项目数据"→"端子排"→"导航器"命令，打开"端子排"导航器，如图 2-4-6 所示，包括"树"标签与"列表"标签。在"树"标签中包含项目所有端子的信息，在"列表"标签中显示配置信息。

在导航器中空白处单击鼠标右键，选择"生成端子"命令，弹出"属性（元件）：端子"窗口，显示 4 个选项卡，在"名称"栏输入端子名称，单击"确定"，完成设置，关闭该窗口，同时，在"端子排"导航器中显示新建的端子。

2. 端子排编辑

在"端子排"导航器中新建的端子排上，单击鼠标右键，选择"编辑"命令，弹出"编辑端子排"窗口，提供各种编辑端子排的功能，如端子排的排序、编号、重命名、移动、添加端子排附件等，如图 2-4-7 所示。

3. 端子排序

端子排上的端子默认按字幕数字来排序，也可选择其他排序类别，在端子上单击鼠标右键，选择"端子排序"命令。

图 2-4-6 "端子排"导航器

删除排序：删除端子的排序序号。

数字：对以数字开头的所有端子名称进行排序（按照数字大小升序排列），所有端子仍保持在原来的位置。

字母数字：端子按照其代号进行排序（数字升序→字母升序）。

基于页：基于图框逻辑进行排序，即按照原理图中的图形顺序排序。

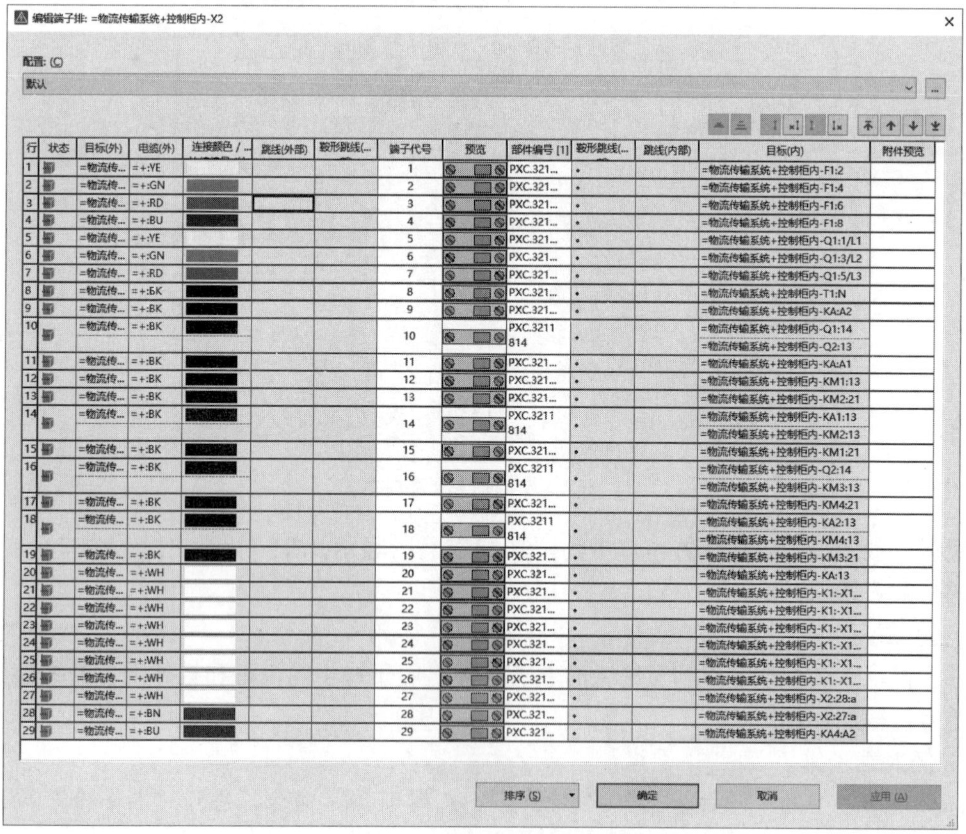

图 2-4-7 "编辑端子排"窗口

根据外部电缆：用于连接公用的一根电缆的相邻的端子（外部连接）。

根据跳线：根据手动跳线设置后调整端子连接，生成鞍形跳线。

给出的顺序：根据默认顺序。

端子排序结果对应在"端子排"导航器中的顺序。不同的端子排也可设置不同的顺序。

（四）端子排定义

在 EPLAN 中，通过端子排定义管理端子排，端子排定义识别端子排并显示排的全部重要数据及排部件。

1）在创建的端子排上，单击右键选择"生成端子排定义"命令，系统弹出"属性（元件）：端子排定义"窗口，在"显示设备标识符"栏定义端子名称；在"功能文本"中显示端子在端子排总览中，端子的用途；在"端子图表表格"中为当前端子排制定专用的端子图表，该报表在自动生成时不适用报表设置中的模板。单击"确定"，完成设置，关闭窗口，在"端子排"导航器中显示新建的端子排定义。

2）选择菜单栏中的"插入"→"端子排"命令，这时光标变成交叉形状并附加一个端子排符号，将光标移动到想要插入端子排的端子上，单击鼠标左键插入，弹出"属性（元件）：端子排定义"窗口，如图 2-4-8 所示，设置端子排的功能定义，单击"显示设备标识符"右侧"拓展"按钮，关联相应的端子设备标识符，完成设置后关闭该窗口，在原理图中显示端子排的图形化表示，例如"-X3＝辊床 2 电机"，如图 2-4-9 所示。

图 2-4-8　"属性（元件）：端子排定义"窗口

（五）端子跳线

在项目设计过程中，往往需要将电源端子或等电位端子进行跨线连接，这些连接可通过跳线或鞍形跳线进行连接，采取何种连接方式主要取决于端子的功能。如果端子为常规端子，端子间的连接自动生成跳线连接；如果端子为带鞍形跳线端子，则自动生成鞍形跳线。

在端子排导航器中设置端子排 X4 前 5 个端子，如图 2-4-10 所示，进行端子连接。

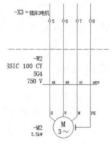

图 2-4-9　插入端子排定义

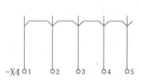

图 2-4-10　端子连接图样

选择菜单栏"项目数据"→"端子排"→"编辑"，常规端子跳线如图 2-4-11 所示；鞍形端子跳线如图 2-4-12 所示。

图 2-4-11　常规端子跳线

图 2-4-12　鞍形端子跳线

（六）备用端子

在项目设计过程中，为方便日后进行维护使用，需要预留一些备用端子，这些端子虽然不会在原理图中显示，但是会显示在端子图表上。

端子导航器中预设计功能能够很好地满足备用端子预留的要求。在端子导航器中创建未被放置的端子，在生成端子图表的时候可以评估端子导航器的状态。

这样，不管端子是否被画在原理图上，在端子图表中都会有端子显示生成。

⚒【技能操作】

一、插入直流电压源

单击"插入"→"设备"，弹出"部件选择"窗口，选中"电压源和发电机"中的"SIE.6EP1336-1LB00"，如图 2-4-13 所示，单击"确定"，在合适的位置，单击鼠标，弹出"插入模式"窗口，单击"确定"，直流电源图标插入在对应的位置。

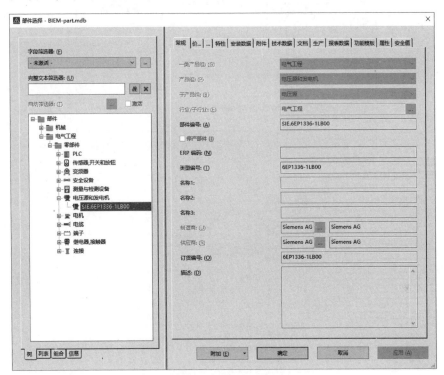

图 2-4-13　插入中断点

二、插入中断点

单击"中断点"按钮，并通过键盘 Tab 键，切换中断点显示状态，选择合适显示状态，单击鼠标，弹出"属性"窗口，在显示设备标识符栏中输入"24V"，如图 2-4-14 所示，单击"确定"，插入中断点"24V"；同样的方法，插入中断点"0V"。

三、连接电路

在主界面的连接符号中选中合适连接符号，按照任务要求进行电路连接，如图 2-4-1 所示。

四、添加路径功能文本

单击"路径功能文本"按钮，弹出"属性"窗口，如图 2-4-14 所示，在文本栏中输入"DC 24V 电源"，如图 2-4-15 所示，单击"确定"，并将其插入在中断点下方。完成操作。

图 2-4-14　"属性"窗口

图 2-4-15　输入"DC 24V 电源"

任务五　继电器控制回路绘制

【任务描述】

新建页，完成图 2-5-1 所示的继电器控制回路绘制。

具体要求：

1）新建一个名称为"继电器控制回路"的多线原理图页。

2）电路中除了必要的电气控制设备以外，需要考虑在实际安装过程，设备所在位置，通常按钮、开关安装在控制柜柜门上，其他设备安装在控制柜内，要求在图样上标注出控制柜柜门和柜内设备连接的端子。

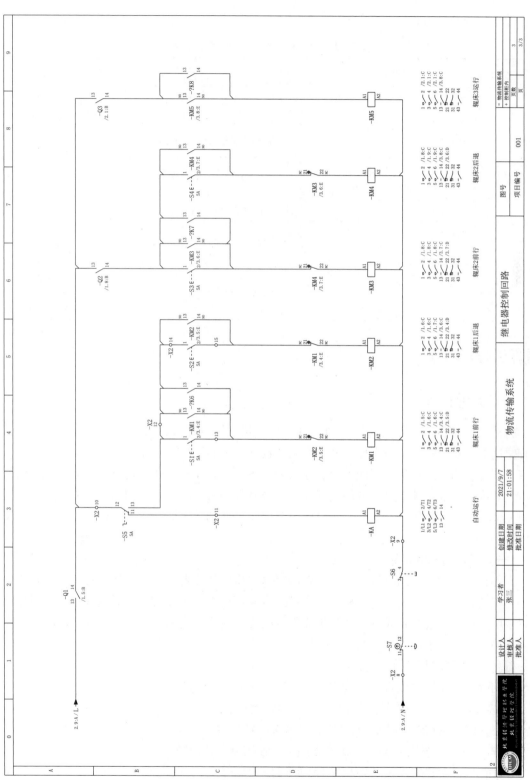

图 2-5-1　继电器控制回路

注意事项：

图中设备型号和数量见表 2-5-1。

表 2-5-1　图 2-5-1 中的设备型号和数量

序号	设备	型号	备注
1	按钮 S1、S2、S3、S4	OMR. M22	常开触点
	停止按钮 S6		常闭触点
2	旋转开关 S5	OMR. A22NS-2BL-NGA-G112-NN/	
3	接触器 KM1、KM2、KM3、KM4、KM5	SIE. 3RT2015-1AP04-3MA0	
	继电器 KA	SIE. 3RT2015-1AP61	
4	常开触点 ?K6、?K7、?K8	暂时不进行选型	
5	断路器 Q1、Q2、Q3		常开触点
6	端子排 X2		8-19 号端子

📖【术语解释】

一、元件符号

符号（电气符号）是电气设备的一种图形表达，符号存放在符号库中，是广大电气工程师之间的交流语言，是用来传递系统控制的设计思维的。将设计思维体现出来的，就是电气工程图样。为了工程师之间能彼此看懂对方的图样，专业的标准委员会或协会制定了统一的电气标准。目前实际上更常见的电气设计标准有 IEC61346（IEC：International Electrotechnical Commission，国际电工委员会，也称之为欧标）、GOST（俄罗斯国家标准）、GB/T4728（我国国标）等。

（一）元件符号的定义

元件符号是用电气图形符号、带注释的围框或简化外形表示电气系统或设备中组成部分之间相互关系及其连接关系的一种图。广义地说标明两个或两个以上变量之间关系的曲线，用以说明系统、成套装置或设备中各组成部分的相互关系或连接关系，或者用以提供工作参数的表格、文字，也属于电气图。

符号根据功能显示下面的分类：

- 不表示任何功能的符号，如连接符号，包括角节点、T 节点；
- 表示一种功能的符号，如常开触点、常闭触点；
- 表示多种功能的符号，如电机保护开关、熔断器、整流器；
- 表示一个功能的一部分，如设备的某个连接点、转换触点。

元件符号命名建议采用"标识字母+页+行+列"，这个在使用 EPLAN Electric P8 2.7 提供的国标图框时更能体现出这种命名的优势，EPLAN Electric P8 2.7 的 IEC 图框没有列。虽然，EPLAN P8 也提供其他形式的元器件命名方式，诸如"标识字母+页+数字"或者"标识字母+页+列"，但元件在图样中是唯一确定的。假如一列有多个断路器（也可能是别的器件），如果删除或添加一个断路器，剩下的断路器名称则需要重新命名。如果采用"标识字母+页+行+列"这命名方式，元件在图样中也是唯一确定的。

（二）符号变量

一个符号通常具有 A~H 8 个变量和 1 个触点映像变量。所有符号变量共有相同的属性，即相同的标识、功能和连接点编号，只有连接点图形不同。

如图 2-5-2 所示的电压源变量包括 1、2 的连接点，图 2-5-2a 中为变量 A，以 A 为基准，依次逆时针旋转 90°，形成图 2-5-2b 中变量 B，图 2-5-2c 中变量 C，图 2-5-2d 中变量 D；而 E、F、G、H 变量分别是 A、B、C、D 变量的镜像显示结果。

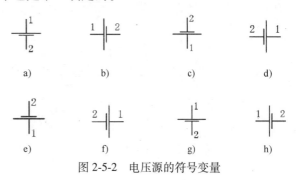

图 2-5-2　电压源的符号变量

二、元件符号库

EPLAN Electric P8 2.7 中内置四大标准的符号库，分别是 IEC、GB、NFPA 和 GOST 标准的元件符号库，元件符号库又分为原理图符号库和单线图符号库。

IEC_Symbol：符合 IEC 标准的原题图符号库；

IEC_single_Symbol：符合 IEC 标准的单线图符号库；

GB_Symbol：符合 GB 标准的原理图符号库；

GB_single_Symbol：符合 GB 标准的单线图符号库；

NFPA_Symbol：符合 NFPA 标准的原理图符号库；

NFPA_single_Symbol：符合 NFPA 标准的单线图符号库；

GOST_Symbol：符合 GOST 标准的原理图符号库；

GOST_single_Symbol：符合 GOST 标准的单线图符号库。

在 EPLAN Electric P8 2.7 中，安装 IEC、GB 等多种标准的符号库，同时还可增加公司常用的符号库。

（一）"符号选择"导航器

选择菜单栏中的"项目数据"→"符号"命令，在工作窗口左侧弹出"符号选择"导航器。在"筛选器"下拉列表中选择标准的符号库，如图 2-5-3 所示。

单击"配置"栏右侧的"新建"按钮，弹出"新配置"窗口，如图 2-5-4 所示，显示符号库中已有的符号库信息，在"名称""描述"栏中输入新符号库的名称与库信息的描述。单击"确定"，返回"筛选器"窗口，显示新建的符号库"IEC 符号"，在下面的属性列表中，单击"数值"栏的拓展按钮，弹出"值选择"窗口，如图 2-5-5 所示，勾选所有默认标准库，单击"确定"，返回"筛选器"窗口，完成新建"IEC 符号"符号库选择。

单击"筛选器"窗口中"配置"栏右侧的"导入"按钮，将弹出"选择导入文件"窗口，导入"*.xml"文件，加载绘图所需的符号库。

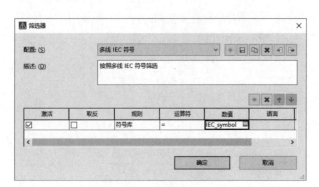

图 2-5-3 "筛选器"窗口

图 2-5-4 "新配置"窗口

　　重复上述操作就可以把所需要的各种符号库文件添加到系统中，作为当前可用的符号库文件。加载完毕后，单击"确定"，关闭"筛选器"窗口。这是所有加载的符号库都显示在"选择符号"导航器中，用户可以选择使用。

　　在"符号选择"导航器中，"筛选器"选中刚建好的"IEC 符号"，在树结构中就显示该符号库下所包含的符号库的电气工程符号与特殊符号，如图 2-5-6 所示。

图 2-5-5 "值选择"窗口

图 2-5-6 符号选择

（二）加载符号库

装入所需元件符号库的操作步骤如下：

　　1）选择菜单栏中的"项目数据"→"符号"命令，在工作窗口左侧就弹出"符号选择"导航器。

　　2）在导航器空白处单击右键，选择"设置"命令，系统将弹出"设置符号库"窗口，在该窗口中，左侧"行"列中显示元件符号库排列顺序。

3）加载绘图所需的元件符号库。在"设置符号库"窗口中列出的是系统中可用的符号库文件。单击"符号库"空白行后的拓展按钮，如图 2-5-7 所示，系统弹出"选择符号库"窗口，在该窗口中选择特定的库文件夹，然后选择相应的库文件，单击"打开"按钮，所选中的符号库文件就会出现在"设置符号库"窗口中。

重复上述操作就可以把所需要的各种符号库文件添加到系统中，作为当前可用的符号库文件。加载完毕后，单击"确定"，关闭"设置符号库"窗口，这时，所有加载的元件库都分类显示在"符号选择"导航器中，用户可以选择使用。

三、放置元件符号

（一）搜索元件符号

EPLAN Electric P8 提供了强大的元件搜索能力，帮助用户轻松地在元件库中定位元件符号。

选择菜单栏中的"插入"→"符号"命令，系统将弹出"符号选择"窗口，打开"列表"选项卡，在该选项卡中用户可以搜索需要的元件符号。搜索元件需要设置的参数如下：

1）"筛选器"下拉列表框：用于选择查找的符号库，系统会在已经加载的符号库中查找。

2）"直接输入"文本框：用于查找符号，进行高级查询。如图 2-5-8 所示，在该选项文本框中，可以输入一些与查询内容有关的内容，有助于使系统进行更快捷、更准确的查找。在文本框中输入"K"，光标立即跳转到第一个以这个关键词字符开始的符号的名称，在文本框下的列表中显示符合关键词的元件符号，在右侧显示 8 个变量的缩略图。可以看到符合搜索条件的元件名、描述在该面板上被一一列出，供用户浏览参考。

图 2-5-7　"设置符号库"窗口

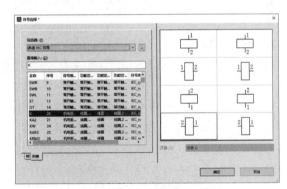

图 2-5-8　查找到元件符号

（二）元件符号的选择

在符号库中找到元件符号后，加载该符号库，以后就可以在原理图上放置该元件符号了。在工作区中可以将符号一次或多次放置在原理图上，但不能选择多个符号一次放置在原理图上。

EPLAN Electric P8 中有两种元件符号放置方法，分别是通过"符号选择"导航器放置和通过"符号选择"窗口放置。在放置元件符号之前，应该首先选择所需元件符号，并且确认所需元件符号所在的符号库文件已经被装载。若没有装载符号库文件，请先按照前面介绍的方法进行装载，否则系统无法找到所需要的元件符号。

1. "符号选择"导航器放置

选择菜单栏中的"项目数据"→"符号"命令，打开"符号选择"导航器。

在导航器属性结构中选中元件符号后，直接拖动到原理图中适当位置或在该元件符号上单击右键，选择"插入"命令，自动激活元件放置命令，这时光标变成十字形状并附加一个交叉记号，将光标移动到原理图适当位置，在空白处单击完成元件符号插入，此时鼠标仍处于放置元件符号的状态。重复上面操作可以继续放置其他的元件符号。

2. "符号选择"窗口放置

选择菜单栏中的"插入"→"符号"命令，弹出"符号选择"窗口，在筛选器下列表中显示的树结构中选择元件符号。各符号根据不同的功能定义分配到不同的组中。切换树形结构，浏览不同的组，直到找到所需的符号。

在树形结构中选中元件符号后，在列表下方的描述框中显示该符号的符号描述，在右侧窗口显示符号的缩略图，包括 A～H 这 8 个不同的符号变量，选中不同的变量符号时，在"变量"文本框中显示对应符号的变量名。

选中元件符号后，单击"确定"，这时光标变成十字形状并附加一个交叉记号，将光标移动到原理图适当位置，单击完成元件符号放置，此时鼠标仍处于放置元件符号的状态。重复上面操作可以继续放置其他的元件符号。

（三）符号位置的调整

每个元件被放置时，其初始位置并不是很准确。在进行连线前，需要根据原理图的整体布局对元件的位置进行调整。这样不仅便于布线，也使所绘制的电路原理图清晰、美观。元件的布局好坏直接影响到绘图的效率。

元件位置的调整实际上就是利用各种命令将元件移动到图样上指定的位置，并将元件旋转为指定方向。

1. 元件的选取

要实现元件位置的调整，首先要选取元件，选取的方法有很多，下面介绍几种常用的方法。

1）用鼠标直接选取单个或多个元器件。对于单个元件的情况，将光标移动到要选取的元件上，元件自动变色，单击选中即可；对于多个元件的情况，将光标移动到要选取的元件上单击即可，按住"Ctrl"键选择下一个元件。

2）利用矩形框选取。对于单个或多个元件的情况，按住鼠标并拖动光标，拖出一个矩形框，将要选取的元件包含在该矩形框中，释放光标后即可选取单个或多个元件。

3）用菜单栏选取元件。选择菜单栏中的"编辑"→"选定"命令，弹出子菜单。子菜单中"区域"，表示在工作窗口选中一个区域；"全部"，表示选择当前图形窗口中的所有对象；"页"，表示选定当前页，当前页窗口以灰色粗线框选；"相同类型的对象"，表示选择当前图形窗口中相同类型的对象。

2. 取消选取

取消选取也有多种方法，这里介绍两种常用的方法：第一种直接用鼠标单击电路原理图的空白区域，即可取消选取；第二种按住"Ctrl"键，单击某一已被选取的元件，可以将其取消选取。

3. 元件的移动

在移动的时候不单是移动元件主体，还包括元件标识符或元件连接点。在实际原理图的绘制过程中，最常用的方法是直接使用光标拖拽来实现元件的移动；另外，可以选择菜单栏中"编辑"→"移动"命令实现元件移动。元件在移动过程中，可以通过按下键盘"X"或"Y"来切换元件在水平或垂直方向上移动。

4. 元件的旋转

元件旋转主要有 3 种旋转操作。第一种，在放置元件前按"Tab"键，可 90°旋转元件符号或设备；第二种，使用菜单栏中"编辑"→"旋转"命令；第三种，选中需要旋转的元件符号，按"Ctrl+R"键。

5. 元件的镜像

选取要镜像的元件，选择菜单栏中"编辑"→"镜像"命令，在元件符号上单击，选择元件镜像轴的起点，水平镜像或垂直镜像被选中的元件，将元件在水平方向上镜像，即左右翻转；将元件在垂直方向上镜像，即上下翻转。该镜像操作后，不保留源对象。若在操作过程中，在单击确定元件符号镜像轴的终点时，按住"Ctrl"键，系统弹出"插入模式"窗口，选择编号格式，单击"确定"，完成镜像操作，镜像结果为两个元件。

（四）元件的复制和删除

原理图中的相同元件有时候不止一个，在原理图中放置多个相同元件的方法有两种。重复利用放置元件命令，放置相同元件，这种方法比较繁琐，适用于放置数量较少的相同元件，若在原理图中有大量相同元件，这就需要用到复制、粘贴命令。

1. 复制元件

1）菜单命令。选中要复制的元件，选择菜单栏中"编辑"→"复制"命令，复制被选中的元件。

2）工具栏命令。选中要复制的元件，单击"默认"工具栏中"复制"按钮，复制被选中的元件。

3）快捷命令。选中要复制的元件，单击右键弹出快捷菜单选择"复制"命令，复制被选中的元件。

4）功能键命令。选中要复制的元件，在键盘中按住"Ctrl+C"组合键，复制被选中的元件。

5）拖拽的方法。按住"Ctrl"键，拖动要复制的元件，即复制处相同的元件。

2. 剪切元件

1）菜单命令。选中要剪切的元件，选择菜单栏中"编辑"→"剪切"命令，剪切被选中的元件。

2）工具栏命令。选中要复制的元件，单击"默认"工具栏中"剪切"按钮，剪切被选中的元件。

3）快捷命令。选中要剪切的元件，单击右键弹出快捷菜单选择"剪切"命令，剪切被选中的元件。

4）功能键命令。选中要剪切的元件，在键盘中按住"Ctrl+X"组合键，剪切被选中的元件。

3. 粘贴元件

1）菜单命令。选择菜单栏中"编辑"→"粘贴"命令，粘贴被选中的元件。

2）工具栏命令。单击"默认"工具栏中"粘贴"按钮，粘贴复制的元件。

3）功能键命令。选中要剪切的元件，在键盘中按住"Ctrl＋V"组合键，粘贴复制的元件。

4. 删除元件

1）菜单命令。选中要删除的元件，选择菜单栏中"编辑"→"删除"命令，删除被选中的元件。

2）工具栏命令。单击"默认"工具栏中"删除"按钮，删除被选中的元件。

3）快捷命令。选中元件，单击右键弹出快捷菜单选择"删除"命令，删除被选中的元件。

4）功能键命令。选中元件，在键盘中按"Delete"键，删除被选中的元件。

（五）符号的多重复制

在原理图中，某些同类型元件可能有很多个，它们具有大致相同的属性。如果一个个地放置它们，设置它们的属性，工作量大而且繁琐。EPLAN Electric P8 2.7 提供了高级复制功能，大大方便了复制操作，可以通过"编辑"菜单中的"多重复制"命令完成。其具体操作步骤如下：

1）复制或剪切某个对象，使 Windows 的剪切板中有内容。

2）单击菜单栏中"编辑"→"多重复制"命令，向外拖动元件，确定复制的元件方向与间隔，单击确定第一个复制对象位置后，系统将弹出"多重复制"窗口。

3）在"多重复制"窗口中，可以对要粘贴的个数进行设置，"数量"文本框中输入的数值表示复制的个数，即复制后元件个数为"4（复制对象）+1（源对象）"。

四、属性设置

在原理图上放置的所有元件符号都具有自身的特定属性，其中，对元件符号进行选型、设置部件后的元件符号，也就是完成了设备的属性设置。在放置好每一个元件符号或设备后，应该对其属性进行正确的编辑和设置，以免使后面的网络报表产生错误。

通过对元件符号或设备的属性进行设置，一方面可以确定后面生成的网络报表的部分内容，另一方面也可以设置元件符号或设备在图样上的摆放效果。

双击原理图中的元件符号或设备，在元件符号或设备上单击鼠标右键，选中"属性"命令或将元件符号或设备放置到原理图中后，自动弹出属性窗口。属性窗口包括 4 个选项卡：元件、显示、符号数据/功能数据、部件。通过在该窗口进行设置，赋予元件符号更多的属性信息和逻辑信息。

（一）元件标签

在元件标签下显示与此元件符号相关的属性，就不同的元件符号显示不同的名称，标签直接显示元件符号的名称，如图 2-5-9 所示，对"熔断器"元件符号进行属性设置，该标签直接显示"熔断器"。属性设置窗口中包含的各参数含义如下：

1）显示设备标识符：在该文本框下输入元件或设备的标识名和编号，元件设备的命名通过预设的配置，实现设备的在线编号。

图 2-5-9　熔断器属性设置窗口

2）完整设备标识符：在该文本框下进行层级结构、设备标识和编号的修改。

3）连接点代号：显示元件符号或设备在原理图中的连接点编号，元件符号上能够连成的点为连接点。

4）连接点描述：显示元件符号或设备连接点编号间的间隔符，默认为"¶"。按下快捷键"Ctrl+Enter"可以输入字符"¶"。

5）技术参数：输入元件符号或设备的技术参数。

6）功能文本：输入元件符号或设备的功能描述文字。

7）铭牌文本：输入元件符号或设备铭牌上输入的文字。

8）装配地点（描述性）：输入元件符号或设备的装配地点。

9）主功能：元件符号或设备常规功能的主要功能，常规功能包括主功能和辅助功能。在 EPLAN 中，主功能和辅助功能会形成关联参考，主功能还包括部件的选型。激活该复选框，显示"部件"选项卡；取消"主功能"复选框的勾选，则属性设置窗口，则属性设置窗口中只显示辅助功能，隐藏"部件"选项卡，辅助功能不能包含部件的选型。注意：一个元件只能有一个主功能，一个主功能只能对应一个部件。

10）属性列表：在"属性名-数值"列表中显示元件符号或设备的属性，单击右侧"新建"按钮，新建元件符号和设备的属性，单击"删除"按钮用来删除元件符号或设备的属性。

（二）显示标签

"显示"标签用来定义元件符号或设备的属性，包括显示对象与显示样式。在"属性排列"下拉列表中显示默认与自定义两种属性排列方法，默认定义的 8 种属性包括设备标识符、关联参考、技术参数、增补说明、功能文本、铭牌文本、装配地点、块属性。在"属性排列"下拉列表中选择"用户自定义"，可对默认属性进行新增或删除。同样地，当对属性种类及排列进行修改时，属性排列自动变为"用户自定义"。

在左侧属性列表上方显示工具按钮，可对属性进行新建、删除、上移、下移、固定及拆分。默认情况下，在原理图中元件符号与功能文本是组合在一起的，统一移动、统一复制，单击工具栏中的"拆分"按钮，进行拆分后，在原理图中单独移动、复制功能文本。右侧"属性-分配"列表中显示的是属性的样式，包括格式、文本框、位置框、数值/单位及位置的设置。

选择菜单栏中的"选项"→"设置"命令，选择"用户"→"显示"→"用户界面"选项，在该界面中勾选"显示标识性的编号""在名称后"复选框。设置完成后，在元件属性"显示"标签中显示属性名称及编号，并设置属性编号显示位置为名称后，如图 2-5-10 所示。

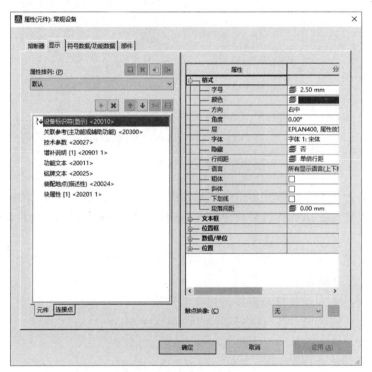

图 2-5-10　显示属性编号

（三）符号数据/功能数据

符号是图形绘制的集合，添加了逻辑信息的符号在原理图中为元件，不再是无意义的符号。"符号数据/功能数据"标签显示符号的逻辑信息，如图 2-5-11 所示。在该标签中可以进行逻辑信息的编辑设置。

（四）部件

"部件"标签用于为元件符号的部件选型，完成部件选型的元件符号，不再是元件符号，可以称为设备，元件选型前部件显示为空，如图 2-5-12 所示。

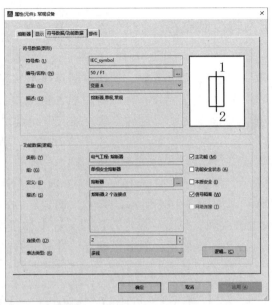

图 2-5-11　"符号数据/功能数据"标签

【技能操作】

一、新建页

在"页导航器"中，选中"物流传输系统"，单击"右键"→"新建"，弹出"新建页"窗口，单击"完整页名"右侧的拓展按钮，修改页名为3，单击"确定"，修改页描述为"继电器控制回路"，如图 2-5-13 所示，单击"确定"，完成页面新建。

图 2-5-12　"部件"标签

图 2-5-13　新建页

二、绘制辊床 1 正反转控制电路

步骤一：插入中断点

单击"中断点"按钮，并通过键盘 Tab 键，切换中断点显示状态，选择合适显示状态，单击鼠标，弹出"属性"窗口，单击显示设备标识符栏右侧的拓展按钮，选中"L"，单击"确定"，单击"确定"，插入中断点"L"。同样方法，插入中断点"N"。

步骤二：插入设备

（1）插入交流接触器

单击"插入"→"设备"，弹出"部件选择"窗口，选中"继电器，接触器"中的"SIE. 3RT2015-1AP04-3MA0"，如图 2-5-14 所示，单击"确定"，在合适的位置单击鼠标，插入交流接触器线圈；双击该线圈，弹出"属性"窗口，选中"线圈"选项卡，修改显示设备标识符为"-KM1"，如图 2-5-15 所示，单击"确定"。同样的方法，插入 KM2 线圈。

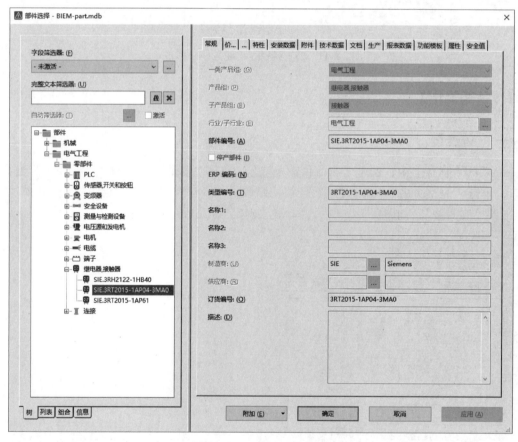

图 2-5-14 "部件选择"窗口

再单击"项目数据"→"设备"→"导航器"，在导航器中，选中 KM2 的"21 ¶ 22（常闭触点）"，单击鼠标右键，单击"放置"，如图 2-5-16 所示，在 KM1 线圈的上方单击鼠标，插入 KM2 的常闭触点。同样的方法，在 KM2 线圈的上方插入 KM1 的常闭触点。再插入 KM1 的常开触点；插入 KM2 的常开触点，如图 2-5-17 所示。

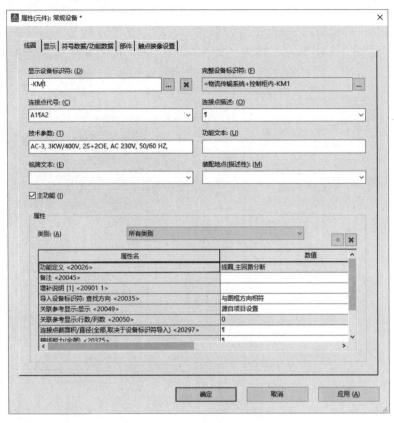

图 2-5-15　插入 KM1、KM2

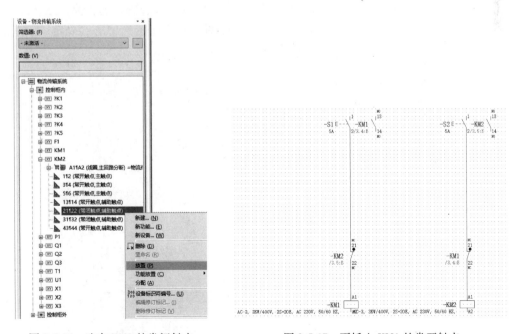

图 2-5-16　选中 KM2 的常闭触点　　　　图 2-5-17　再插入 KM1 的常开触点

（2）插入按钮

单击"插入"→"设备"，弹出"部件选择"窗口，选中"传感器，开关和按钮"中的"OMR. M22"，如图 2-5-18 所示，单击"确定"，在 KM2 常闭触点的上方单击鼠标，单击"确定"，插入按钮 S1。同样的方法，在 KM1 常闭触点的上方插入按钮 S2。

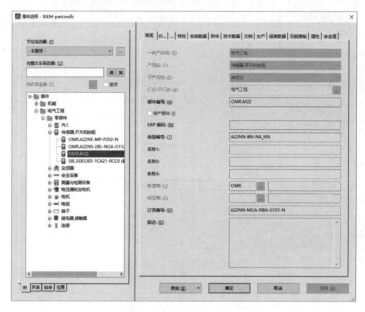

图 2-5-18　插入按钮

步骤三：插入符号

单击"符号"按钮，弹出"符号选择"窗口，在左侧窗口选中"常开触点，2 个连接点"，在右侧窗口选中第二个图标"S 常开触点"，如图 2-5-19 所示，单击"确定"，单击鼠标，单击"确定"，插入"-?K6"常开触点符号。

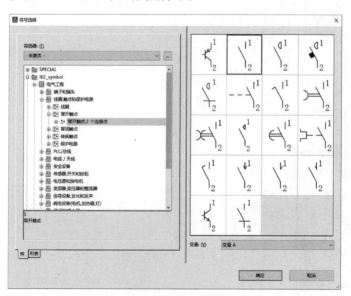

图 2-5-19　插入符号

步骤四： 连接电路

选中合适的连接符号，按照任务要求进行电路连接，如图 2-5-20 所示。

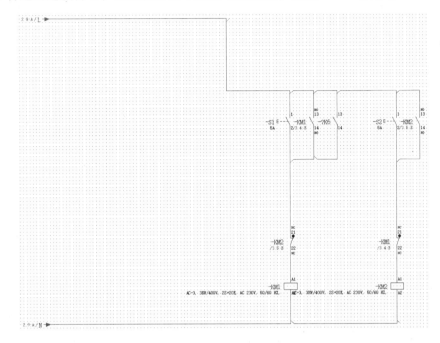

图 2-5-20　连接电路

步骤五： 添加路径功能文本

单击"路径功能文本"按钮，弹出"属性"窗口，输入"辊床 1 前行"，单击"确定"，并将其插入在线圈 KM1 下方。同样的方法，在线圈 KM2 的下方插入路径功能文本"辊床 1 后退"。

三、辊床 2 正反转控制电路绘制

因辊床 1 和辊床 2 的正反转控制电路相似，可利用复制、粘贴绘制电路，单击确定，弹出"插入模式"窗口，单击"确定"，然后根据电路图例，修改功能路径文本为"辊床 2 前行"、"辊床 2 后退"，以及使用连接符号连接电路。

四、辊床 3 运行控制电路绘制

辊床 3 运行控制电路与前面绘制的电路也大致相似，选中"-KM1"常开触点、"-?K6""-KM1"线圈以及相应路径功能文本，通过复制、粘贴绘制电路，弹出"插入模式"窗口，单击确定，再根据电路图例，调整"-KM5"和"-?K8"的位置，修改功能路径文本为"辊床3 运行"，然后使用连接符号连接电路，如图 2-5-21 所示。

五、自动运行电路绘制

步骤一： 插入旋转开关

单击"插入"→"设备"，弹出"部件选择"窗口，选中"传感器，开关和按钮"中的

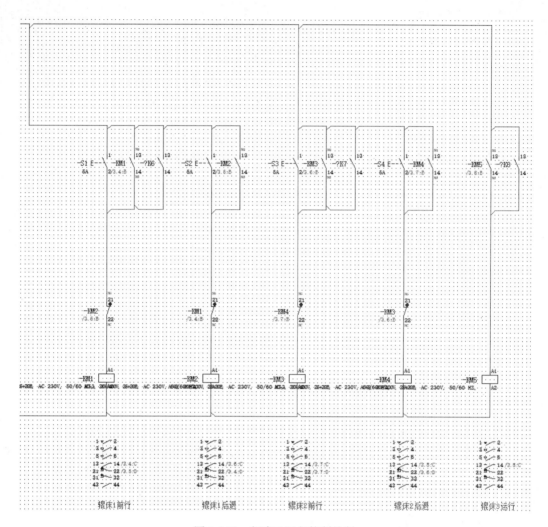

图 2-5-21　辊床 3 运行控制绘制

"OMR. A22NS-2BL-NGA-G112-NN/"，如图 2-5-22 所示，单击"确定"，通过"Tab"切换符号的显示状态，选择合适符号显示状态，单击鼠标，插入旋转开关 S5。

步骤二： 插入交流接触器线圈

单击"插入"→"设备"，弹出"部件选择"窗口，选中"继电器，接触器"中的"SIE. 3RT2015-1AP61"，单击"确定"，在合适的位置单击鼠标，插入交流接触器的线圈，双击该线圈，弹出"属性"窗口，修改显示设备标识符为"-KA"，单击"确定"，插入"-KA"线圈。

步骤三： 连接电路

选中合适连接符号，按照任务图例进行电路连接。

步骤四： 添加路径功能文本

单击"路径功能文本"按钮，弹出"属性"窗口，输入"自动运行"，单击"确定"，并将其插入在线圈 KA 的下方，如图 2-5-23 所示。

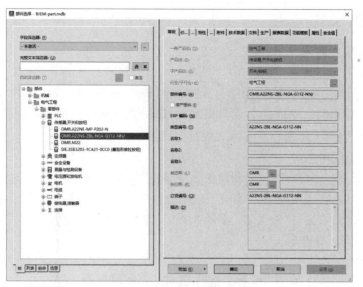

图 2-5-22 插入旋转开关

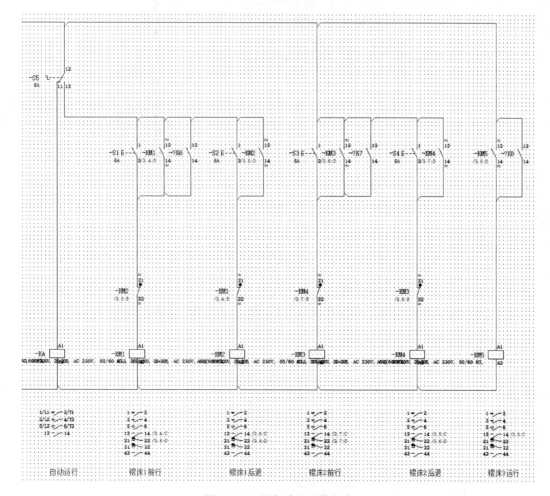

图 2-5-23 添加路径功能文本

六、电路修正

步骤一：添加断路器

在设备导航器中，选中"Q1"中"13 ¶ 14（常开触点）"，单击右键，单击放置，通过"Tab"切换图标显示状态，选择合适显示转态，单击鼠标，插入断路器"Q1"辅助触点，用来控制整个控制电路；同样的方法，添加"Q2"常开触点，用来控制辊床 2 控制电路；添加"Q3"常开触点，用来控制辊床 3 控制电路。

步骤二：添加停止按钮

在设备导航器中，单击右键→"新设备"，弹出"部件选择"窗口，选中"传感器，开关和按钮"中"OMR. M22"，单击"确定"，导航器中增加了一个"S6"设备，选中"3 ¶ 4（常闭触点）"，单击右键→"放置"，通过"Tab"切换图标显示状态，选择合适显示状态，单击鼠标，插入停止按钮 S6。

步骤三：添加急停按钮

单击"插入"→"设备"，弹出"部件选择"窗口，选中"传感器，开关和按钮"中的"SIE. 3SB3203-1CA21-0CC0"，单击"确定"，通过"Tab"切换图标显示状态，选择合适显示状态，单击鼠标，插入急停按钮 S7，如图 2-5-24 所示。

图 2-5-24　添加急停按钮

步骤四：添加控制柜内外设备连接的端子

控制柜内外的设备连接，需要通过端子连接，一般而言，按钮、开关等输入设备都放在控制柜的柜门上，故在电路图上相应的位置插入端子，注意端子的上端 a 接入控制柜内设备，端子的下端 b 接入控制柜外设备。单击"项目数据"→"端子排"→"导航器"，打开端子排导航器，选中端子排 X2 中"8-19"号端子，单击右键，单击"放置"，通过"Tab"切换端子图标显示状态，选中合适的显示状态，单击鼠标，插入相应 8 号、9 号、10 号、11号、12 号、13 号、14 号、15 号、16 号、17 号、18 号、19 号端子，如图 2-5-25 所示。

步骤五：隐藏"继电器，接触器"的设备说明

因为继电器接触器的设备信息过长，为了图样美观，在图样上仅仅标注关键信息，将不太重要的信息进行隐藏。双击 KA，弹出"属性"窗口，选中"显示"选项卡，删除"技术参数"，单击"确定"，完成 KA 参数隐藏。再选中 KA，单击"复制格式"，选中 KM1 ～ KM5，单击"指定格式"，完成所有"接触器"线圈技术参数隐藏。

七、设备关联

控制电路中的 KM1 ～ KM5 的主触点分布在"主电路"和"变频器及直流电源"电路中，需要将设备进行关联。

双击页导航器中"主电路"，打开主电路图样，选中"-?K1"，单击右键→属性，弹出"属性"窗口，选中"常开触点"选项卡，单击"显示设备标识符"右侧拓展按钮，选中"KM1"，如图 2-5-26 所示，单击"确定"，单击"确定"，完成 KM1 设备关联。

同样的方法，将"-?K2"关联为"KM2"；"-?K3"关联为"KM3"；"-?K4"关联为"KM4"；将"变频器及直流电源"图样中的"-?K5"关联为"KM5"。完成操作。

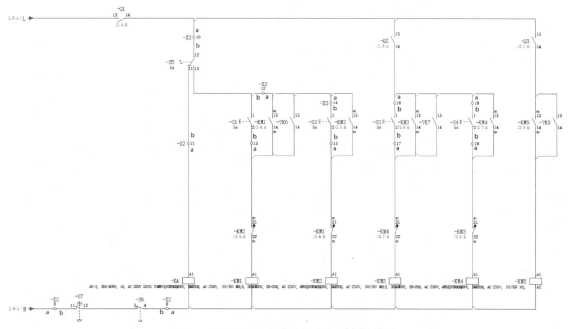

图 2-5-25　添加控制柜内外设备连接的端子

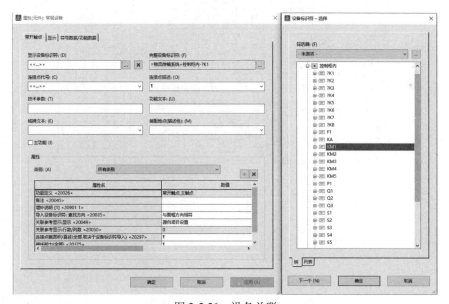

图 2-5-26　设备关联

任务六　PLC 供电电路绘制

【任务描述】

如图 2-6-1 所示，在本项目任务五的基础上，绘制 PLC 供电电路。

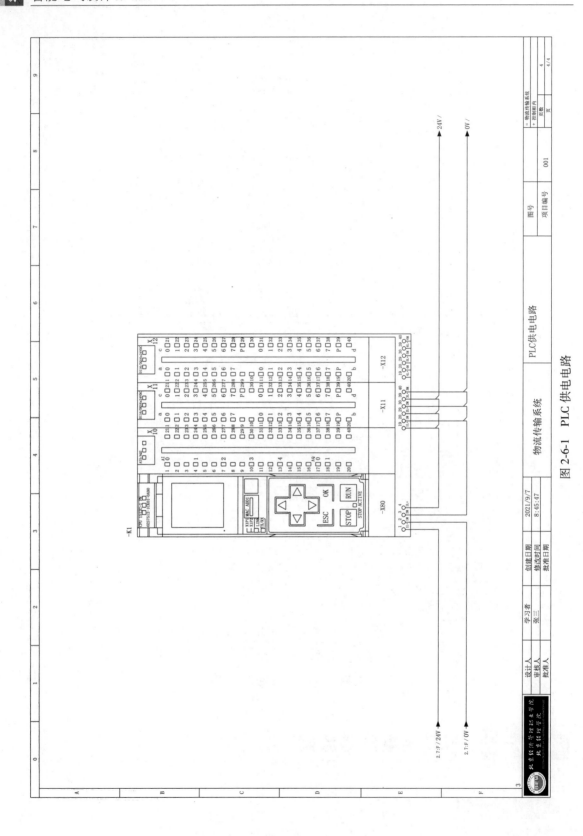

图 2-6-1 PLC 供电电路

具体要求：

1）新建一个名称为"PLC供电电路"的多线原理图页；

2）图中PLC型号为S7-1500 SIE.6ES7512-1CK01-0AB0，因"物流传输系统"只占用了10个数字量输入点，4个数字量输出点，那么对于该PLC设备只使用了其中X11输入输出模块，所以，本任务在接线的时候只需要给X11供电。

【术语解释】

一、黑盒的概念

黑盒由图形元素构成，代表物理上存在设备。通常用黑盒描述标准符号库中没有的符号。电气设计过程中，会遇到很多工作场景需要用黑盒处理。常见情景如下：

1）描述符号库中没有的设备或配件符号。

2）描述符号库中不完整的设备或配件。

3）表示PLC装配件。

4）描述一个复杂的设备，例如变频器，这些设备符号在几张图样上都要用到，并且形成关联参考。

5）描述同一设备标识符下由几个符号组成，如带有制动线圈的电动机。

6）描述备用电缆的连接（如果不用黑盒，就会产生"没有目标的电缆连接"错误）。

7）描述几个嵌套的设备标识。

8）描述重新给端子定义设备标识，因为端子设备标识不能被移动。

描述不能用标准符号代表的特殊保护设备，通常这些设备要显示触点映像。

二、黑盒的制作

（一）插入黑盒

单击"插入"→"盒子/连接点/安装板"→黑盒，可插入黑盒。

画一个长方形代表黑盒；

在指定的属性内部输入数值，如设备名称、技术参数、功能文本等属性；

单击"确定"关闭窗口。

这样，黑盒连同它的属性一起被写入项目中。通常，默认的黑盒是长方形。但是，会有一些应用使用多边形。

1）插入黑盒，当黑盒符号系附在鼠标指针上，按"Backspace"键；

2）在弹出的"符号选择"窗口中，选择"DC2"，如图2-6-2所示，利用这个符号，就可以画一个多边形黑盒。

（二）插入连接点

用黑盒代表一个物理上的设备，所

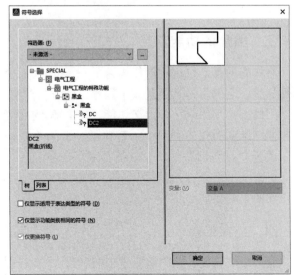

图 2-6-2 黑盒的多边形符号

关心的是它对外的连接，不具体关注其内部的连接。设备连接点通常用来连接黑盒外部的连接点。设备连接点有两种，一种是单向连接，另一种是双向连接。

1）单击"插入"→"盒子/连接点/安装板"→"设备连接点"，设备连接点系附在鼠标指针上；

2）按"Tab"键选择想要的设备连接点变量；

3）按住鼠标左键，移动光标将连接点放置在想要放置的位置上；

4）在弹出的属性窗口"设备连接点"标签中输入数据；

5）单击"确定"。

图 2-6-3 所示的是用一个黑盒描述一个变频器。如果需要编辑一个设备连接点，双击该设备连接点，会弹出属性窗口，在属性菜单中进行修改。

另外一种快速编辑的方法，是用表格式编辑的方法。选择所有黑盒中的设备连接点，单击鼠标右键，选择"表格式编辑"命令，在弹出的窗口中单元格中进行修改，如图 2-6-4 所示，修改完成后关闭此窗口，数据得到保存。

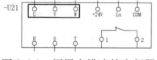

图 2-6-3　用黑盒描述的变频器　　　　图 2-6-4　表格式编辑

三、黑盒的功能定义

制作完的黑盒仅仅图形化描述了一个变频器，它实现逻辑上的智能了吗？双击黑盒弹出属性标签。它的主标签还是显示黑盒，图形与逻辑还没有匹配。

因此，必须为它重新定义功能。EPLAN 的功能定义库是不能被修改和添加的，应该把变频器归结到类似的类别中。变频器应该属于变频器类，所以要将黑盒的功能定义由"黑盒"改为"变频器"，如图 2-6-5 所示。

再次双击黑盒弹出属性标签，它的主标签显示"变频器"，图形与逻辑实现了相互匹配。如图 2-6-6 所示。

四、黑盒的组合

黑盒制作完成后，图形要素中的黑盒、设备连接点以及黑盒内部的图形要素是分散的。当移动黑盒或设备连接点，仅仅是个体对象的移动。但我们在移动变频器的时候，希望整个符号都在移动。这就需要把整个黑盒的各个对象绑定在一起。选中黑盒及整个所有对象，在键盘是英文的状态下按"G"键，或通过"编辑"→"其他"→"组合"，将它们组合在一起。组合后的黑盒在单击黑盒或设备连接点移动的时候，所有对象都随之移动。通过"编辑"→"其他"→"取消组合"命令，可取消黑盒的组合。

图 2-6-5　黑盒功能的重新定义

图 2-6-6　黑盒主标签与功能定义一致

当编辑组合后的黑盒，无论是单击黑盒还是设备连接点，只要是黑盒的对象，总是弹出黑盒的属性窗口。这或许不总是操作者想要的，如果想要编辑设备连接点的属性，需要弹出设备连接点的窗口，而这时却弹出黑盒的窗口，将无法编辑或修改设备连接点信息。这时，请按住"Shift"键，双击设备连接点，就会弹出设备连接点窗口。"Shift"键的作用是在操作的时候，暂时炸开组合的要素。

黑盒代表了常规符号库中无法实现的设备描述，在制作和使用时应注意以下几点。

1）用设备连接点作为黑盒对外部的连接，因为设备连接点总是与黑盒联系在一起；

2）黑盒内部符号的表达类型要改变为"图形"。如果是"多线"或"单线"会参与原理图的评估和 BOM 表的生成。

3）将按钮-S1 移动到黑盒-U1 内部，得到按钮的新 DT（DEVICE TAG，即设备名称）为-U1-S1；将没有 DT 的按钮移动到黑盒-U1 内部，得到按钮的新 DT 为-U1。

4）DT 同名的黑盒可以实现关联参考。

五、PLC 盒子

在 EPLAN 中用 PLC 盒子描述 PLC 系统的硬件表达，例如：数字输入/输出卡、模拟输入/输出卡、电源单元、通信模块、总线单元和拓扑结构等。

通过"插入"→"盒子/连接点/安装板"→"PLC 盒子"调出画 PLC 盒子的命令，本节主要讨论总览图上和原理图上 PLC 卡的画法，并使 PLC 卡总览图和原理图形成关联参考。

（一）制作 PLC 总览卡

1）新建一页图样页，页类型选择"总览"，页描述为"PLC 总览图"。

2）单击菜单栏"选项"→"设置"，弹出"设置"窗口，选中"项目"→"项目名称"→"设备"→"PLC"，在 PLC 相关设置中选取"SIMATIC S7（E/A）"，如图 2-6-7 所示。

3）打开新建的总览页，单击菜单栏"插入"→"盒子/连接点/安装板"→"PLC 盒子"，画一个竖向显示的 PLC 盒子。

4）单击菜单栏"插入"→"盒子/连接点/安装板"→"PLC 卡电源"，卡电源符号系附在鼠标指针上，按"Tab"键旋转方向使其连接点方向向右连接，单击鼠标左键，弹出"PLC 连接点"属性窗口，连接点代号自动命名为"1"，在连接点描述输入"L+"，单击"确定", 关闭窗口。

5) 单击菜单栏 "插入"→"盒子/连接点/安装板"→"PLC 连接点（数字输入）", PLC 连接点符号附在鼠标上, 按 "Tab" 键旋转方向使其连接点方向向右连接, 与 "L+" 保持一定间距, 放置在其下面, 单击鼠标左键, 弹出 "PLC 连接点" 属性窗口, 连接点代号自动命名为 "2", 地址自动命名 "E0.0", 单击 "确定", 关闭窗口。

6) 选中 PLC 连接点 "E0.0", 单击鼠标右键, 选中 "多重复制" 命令, 数量输入 "7", 单击 "稳定" 按钮, 弹出 "插入模式" 窗口, 选择 "编号", 并单击编号格式后面的拓展按钮, 进入 "编号格式" 窗口, 确保 "名称" 标签下的 "PLC 连接点" 复选框打钩, 如图 2-6-8 所示。单击 "确定", 关闭 "插入模式" 窗口。PLC 连接点 3~9 被放置, 地址自动命名为 E0.1~E0.7。

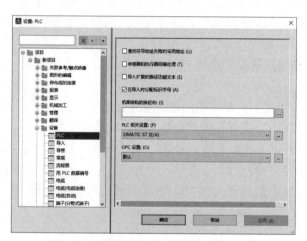

图 2-6-7　PLC 设置

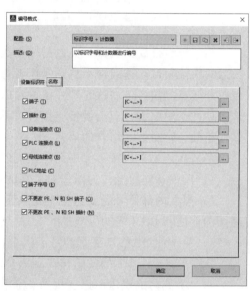

图 2-6-8　编号格式

7) 菜单栏 "插入"→"盒子/连接点/安装板"→"PLC 卡电源", 卡电源符号系附在鼠标指针上, 按 "Tab" 键旋转方向使其连接点方向向右连接, 单击鼠标左键, 弹出 "PLC 连接点" 属性窗口, 连接点代号自动命名为 "10", 在连接点描述输入 "M", 单击 "确定", 关闭窗口。

至此完成了 PLC 总览卡的制作。通过单击菜单栏中 "项目数据"→"PLC"→"导航器", 打开 PLC 导航器, 在导航器中显示了制作的-A1 卡, 在图形编辑器上显示制作好的 PLC 总览卡如图 2-6-9 所示。

（二）制作 PLC 输入卡

1) 新建一页图样页, 页类型选择 "多线原理图（交互式）", 页描述为 "PLC 数字输入卡"。

2) 打开新建的原理图页, 单击菜单栏 "插入"→"盒子/连接点/安装板"→"PLC 盒子",

图 2-6-9　总览图上
PLC 数字输入卡

画一个横向显示的 PLC 盒子。

3）打开 PLC 导航器，展开-A1 卡显示，将连接点"1"拖放到原理图 PLC 盒子中，同理将 PLC 连接点 2~10 拖放到原理图 PLC 盒子中，注意保持 PLC 连接点的间距，使显示看起来比较美观。

这样，从导航器中将 PLC 连接点拖放到原理图上，保证了数据的一致性，从而自动建立了原理图 PLC 输入点和总览图 PLC 输入点的关联参考，如图 2-6-10 所示。其中/1.3：B表明有一种展示类型放置在第 1 页第三列第 B 行。

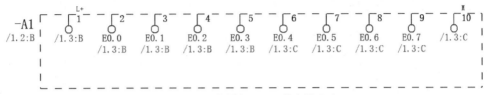

图 2-6-10　原理图上 PLC 数字输入卡

通常，PLC 总览图用于系统的总貌显示，以及 PLC 输入输出点的快速定位和查找。在设计中还是以原理图设计为主，因为需要赋予原理图 PLC 更丰富的信息。例如，功能文本、符号地址等属性信息。这些信息只需在原理图上输入或赋予，就会自动传递给总览图上，不必二次手动输入。为了实现这样的功能，通常在总览图 PLC 连接点属性上"显示"标签下，添加如下属性显示：功能文本（自动）<20031>，符号地址（自动）<20404>。

在制作有关 PLC 系统的硬件描述时，建议应用 PLC 盒子进行制作。尽量避免用黑盒制作，因为用黑盒制作的 PLC 无法实现自动编制的功能。

【技能操作】

一、新建页

在"页导航器"中，选中"物流传输系统"，单击"右键"→"新建"，弹出"新建页"窗口，单击"完整页名"右侧的拓展按钮，修改页名为 4，修改页描述为"PLC 供电电路"，如图 2-6-11 所示，单击"确定"，完成页面新建。

图 2-6-11　新建页

二、插入设备

单击"插入"→"设备"，弹出"部件选择"窗口，选中"PLC"中的"SIE.6ES7512-1CK01-0AB0"，如图 2-6-12 所示，单击"确定"，通过"Tab"切换到 PLC 的总览形式，如图 2-6-13 所示，在合适的位置单击鼠标，弹出"插入模式"，单击"确定"，插入 PLC 图标。

三、插入中断点

单击"中断点"按钮，并通过键盘 Tab 键，切换中断点显示状态，选择合适显示状态，

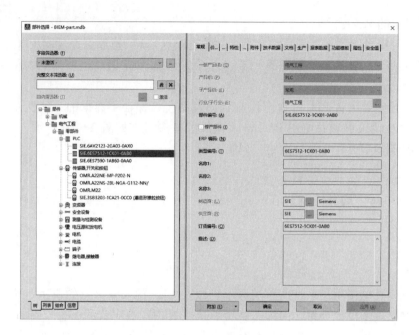

图 2-6-12　部件选择

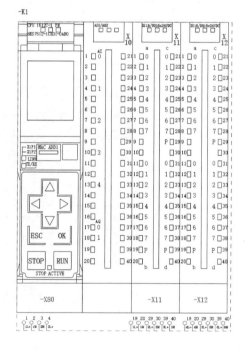

图 2-6-13　PLC 总览形式

在图样左侧，单击鼠标，弹出"属性"窗口，单击显示设备标识符栏右侧的拓展按钮，选中"24V"，单击"确定"，再单击"确定"，插入中断点"24V"。同样的方法，插入中断点"0V"；再在图样的右侧插入中断点"24V"，插入中断点"0V"，注意插入点位置应在对应的网格上，可看到对应的中断点之间自动进行了连接，如图 2-6-14 所示。

图 2-6-14 中断点之间自动连接

四、电路连接

在主界面的连接符号中选中合适连接符号，按照任务要求进行电路连接，如图 2-6-15 所示，完成操作。

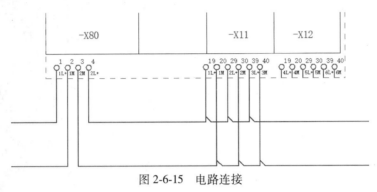

图 2-6-15 电路连接

任务七 PLC 连接点放置

【任务描述】

如图 2-7-1 所示，在任务六的基础上，新建页，并在新建页面上放置 PLC 连接点。

具体要求：

1）新建一个名称为"PLC 数字量输入电路"的多线原理图页。

2）在新建图样上放置 10 个 PLC 数字量输入点。

注意事项：

"物流传输系统"分配 PLC 数字量输入点及功能文本、符号地址、地址、通道代号见表 2-7-1。

表 2-7-1 "物流传输系统"分配 PLC 数字量输入点及功能文本、符号地址、地址、通道代号

序号	PLC 数字量输入点	功能文本	符号地址	地址	通道代号
1	-X11：1	辊床 1 前行	I0.0	I0.0	0
2	-X11：2	辊床 2 前行	I0.1	I0.1	1
3	-X11：3	辊床 3 运行	I0.2	I0.2	2
4	-X11：4	辊床自动运行	I0.3	I0.3	3
5	-X11：5	辊床 1 占位信号	I0.4	I0.4	4
6	-X11：6	辊床 1 到位信号	I0.5	I0.5	5
7	-X11：7	辊床 2 占位信号	I0.6	I0.6	6
8	-X11：8	辊床 3 到位信号	I0.7	I0.7	7
9	-X11：10	辊床 3 占位信号	I1.0	I1.0	8
10	-X11：11	辊床 3 到位信号	I1.1	I1.1	9

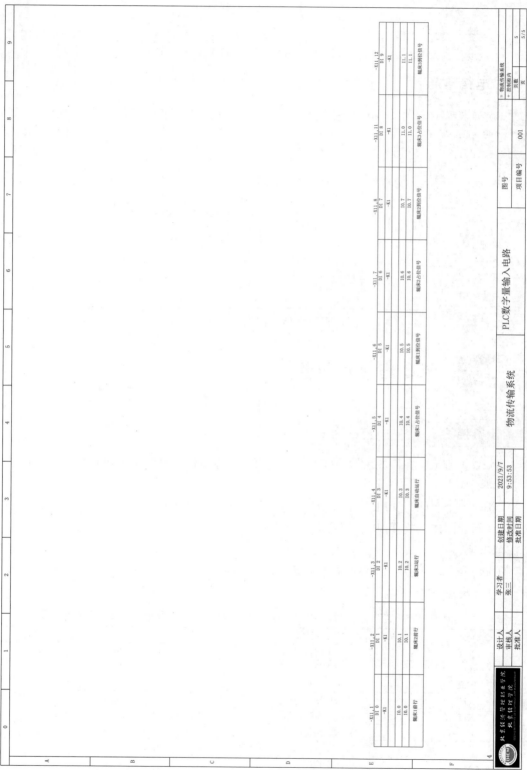

图 2-7-1 PLC 数字量输入电路

📖【术语解释】

电气控制随着科学技术水平的不断提高及生产的工艺不断完善迅速发展。电气控制的发展经历了从最早的手动控制到自动控制，从简单控制设备到复杂控制系统。PLC控制系统由于其功能强大、简单易用，在机械、纺织、冶金、化工等行业应用越来越广泛。

在 EPLAN 中的数据交换支持新的 PLC 类型，按照规划，将来不同的硬件、软件、软硬件都能够进行数据的互联互通，它们之间的通信规范由 OPC UA 协议来完成［OPC UA（OPC Unified Architecture）是工业自动化领域的通信协议，由 OPC 基金会管理］。

一、PLC 系统组成

可编程序控制器（Programmable Controller）原本应简称 PC，为了与个人计算机专称 PC 相区别，所以可编程序控制器简称定为 PLC（Programmable Logic Controller），但并非说 PLC 只能控制逻辑信号。PLC 是专门针对工业环境应用设计的，自带直观、简单并易于掌握编程语言环境的工业现场控制装置。

PLC 有着与计算机类似的结构，由硬件系统和软件系统两大部分组成。PLC 基本组成包括中央处理器（CPU）、存储器、输入/输出接口（缩写为 I/O，包括输入接口、输出接口、外部设备接口、扩展接口等）、外部设备编程器及电源模块组成。PLC 内部各组成单元之间通过电源总线、控制总线、地址总线和数据总线连接，外部则根据实际控制对象配置相应设备与控制装置构成 PLC 控制系统。

（一）中央处理器

中央处理器（CPU）由控制器、运算器和寄存器组成并集成在一个芯片内。CPU 通过数据总线、地址总线、控制总线和电源总线与存储器、输入/输出接口、编程器和电源相连接。

小型 PLC 的 CPU 采用 8 位或 16 位微处理器或单片机，如 8031、M6800 等，这类芯片价格很低；中型 PLC 的 CPU 采用 16 位或 32 位微处理器或单片机，如 8086、8096 系列单片机等，这类芯片主要特点是集成度高、运算速度快且可靠性高；而大型 PLC 则需采用高速位片式微处理器。

CPU 按照 PLC 内系统程序赋予的功能指挥 PLC 控制系统完成各项工作任务。

（二）存储器

PLC 内的存储器主要用于存放系统程序、用户程序和数据等。

1. 系统程序存储器

PLC 系统程序决定了 PLC 的基本功能，该部分程序由 PLC 制造厂家编写并固化在系统程序存储器中，主要有系统管理程序、用户指令解释程序和功能程序与系统程序调用等部分。

系统管理程序主要控制 PLC 的运行，使 PLC 按正确的次序工作，用户指令解释程序将 PLC 的用户指令转换为机器语言指令，传输到 CPU 内执行；功能程序与系统程序调用则负责调用不同的功能子程序及其管理程序。

系统程序属于需长期保存的重要数据，所有其存储器采用 ROM 或 EPROM。ROM 是只读存储器，该存储器只能读出内容，不能写入内容。ROM 具有非易失性，即电源断开后仍能保存已存储的内容。

EPROM 为可电擦除只读存储器，须用紫外线照射芯片上的透镜窗口才能擦除已写入内容，可电擦除可编程只读存储器还有 E²PROM、FLASH ROM 等。

2. 用户程序存储器

用户程序存储器用于存放用户载入的 PLC 应用程序，载入初期的用户程序因需修改与调试，所以称为用户调试程序，存放在可以随机读写操作的随机存取存储器 RAM 内以方便用户修改与调试。

通过修改与调试后的程序称为用户执行程序，由于不需要再做修改与调试，故用户执行程序就被固化到 EPROM 内长期使用。

3. 数据存储器

PLC 运行过程中需生成或调用中间结果数据（如输入/输出元件的状态数据、定时器、计数器的预置值和当前值等）和组态数据（如输入/输出组态、设置输入滤波、脉冲捕捉、输出表配置、定义存储区保持范围、模拟电位器设置、高速计数器配置、高速脉冲输出配置、通信组态等），这类数据存放在工作数据存储器中，由于工作数据与组态数据不断变化，且不需要长期保存，故采用随机存取存储器 RAM。

RAM 是一种高密度、低功耗的半导体存储器，可用锂电池作为备用电源，一旦断点就可通过锂电池供电，保持 RAM 中的内容。

（三）接口

输入/输出接口是 PLC 与工业现场控制或检测元件和执行元件连接的接口电路。PLC 的输入接口有直流输入、交流输入、交直流输入等类型；输出接口有晶体管输出、晶闸管输出和继电器输出等类型。晶体管和晶闸管输出为无接触点输出型电路，晶体管输出型用于高频小功率负载；晶闸管输出为有触点输出型电路，用于低频负载。

（四）编程器

编程器作用是将用户编写的程序下载至 PLC 的用户程序存储器，并利用编程器检查、修改和调试用户程序，监视用户程序的执行过程，显示 PLC 状态、内部器件及系统的参数等。

目前 PLC 制造厂家大都开发了计算机辅助 PLC 编程支持软件，当个人计算机安装了 PLC 编程支持软件后，可用作图形编程器，进行用户程序的编辑、修改，并通过个人计算机的 PLC 之间的通信接口实现用户程序的双向传送、监控 PLC 运行状态等。

（五）电源

PLC 的电源将外部供给的交流电转换成供 CPU、存储器等所需的直流电，是整个 PLC 的能源供给中心。PLC 大都采用高质量的工作稳定性好、抗干扰能力强的开关稳压电源，许多 PLC 电源还可向外部提供直流 24V 稳压电压，用于向输入接口上的接入电气元件供电，从而简化外围配置。

二、PLC 工作过程

PLC 上电后，在系统程序的监控下周而复始地按一定的顺序对系统内部的各种任务进行查询、判断和执行等。

（一）上电初始化

PLC 上电后，首先对系统进行初始化，包括硬件初始化、I/O 模块配置检查、停电保持范围设定及清楚内部继电器、复位定时器等。

（二）CPU 自诊断

在每个扫描周期需进行自诊断，通过自诊断对电源、PLC 内部电路、用户程序的语法等进行检查，一旦发现异常，CPU 使异常继电器接通，PLC 面板上的异常指示灯 LED 亮，内部特殊寄存器中存入出错代码并给出故障显示标志。如果不是致命错误则进入 PLC 的停止（STOP）状态；如果是致命错误，则 CPU 被强制停止，等待错误排除后才转入 STOP 状态。

（三）与外部设备通信

与外部设备通信阶段，PLC 与其他智能装置、编程器、终端设备、彩色图形显示器、其他 PLC 等进行信息交换，然后进行 PLC 工作状态的判断。

PLC 有 STOP 和 RUN 两种工作状态，如果 PLC 处于 STOP 状态，则不执行用户程序，将通过与编程器等设备交换信息，完成用户程序的编辑、修改和调试任务；如果 PLC 处于 RUN 状态，则将进入扫描过程，执行用户程序。

三、设计方式

在 EPLAN 中，可以有三种不同的方式来设计 PLC：基于地址点（Address-oriented）、基于板卡（DT-oriented）、基于通道。这三种设计方法无本质区别，区别在于有的是调取符号，有的是调用宏。差异在于，可以选择逐点放置，也可以自定义通道（有点类似于将 PLC 点分组，一个组一个组地放置），或者整个模块一下子放到页面上。

（一）基于地址点

顾名思义，基于地址点是在设计时逐点地使用 PLC 系统的 I/O 点。有一些公司（尤其是在项目较大的情况下）比较倾向于将 PLC 的点拆分开，将控制部分图样与主回路放在一起，阅读图样的时候无须来回地翻看。

（二）基于板卡

基于板卡指的是在设计时，把 I/O 板卡定义为宏，在设计时通过插入或拖放宏来完成设计。比如 6ES7-321-1BH02-0AA0，它有 16 个地址点，可以根据习惯，创建两个（推荐每页 8 个点）或一个（每页 16 个点）的宏文件，在导航器中预置了这个设备后，通过两次的拖放，完成两个宏的放置。这种形式的设计就叫基于板卡。这种将 PLC 板卡按 4 点/8 点/12 点/16 点的形式批量放置，相对"基于地址点"来说，绘制图样的速度显然更快，而且图样更易读懂，许多公司以此种方式进行图样表达和绘制。

（三）基于通信

在 PLC 系统中，一个通道通常指的是输入/输出模块的一个信号传输路径，PLC 会为它们分配地址。对于数字量，通常一个 DI 或 DO 地址点是一个通道；而对于模拟量，则可能是两个 AI/AO 地址点组成一个通道。

在 EPLAN 中，引入"基于通道"的设计时，除了地址点，也可以将电源点与地址点定义到一个通道中，比如 ET200 模块，在绘制原理图时应该包含电源（+）、电源（-）和地址点，可以为这三个点设置相同的"通道代号"，它们就称为一个通道。在 PLC 导航器中预置了 PLC 设备后，就可以按照通道的形式拖放，完成原理图绘制。

【技能操作】

一、新建页

在"页导航器"中，选中"物流传输系统"，单击"右键"→"新建"，弹出"新建页"窗口，单击"完整页名"右侧的拓展按钮，修改页名为 5，修改页描述为"PLC 数字量输入电路"，如图 2-7-2 所示，单击"确定"，完成页面新建。

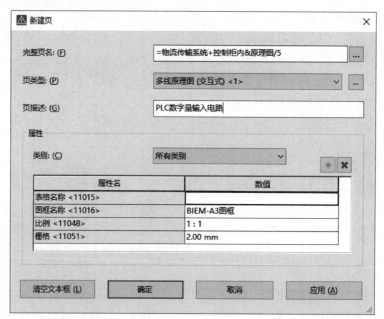

图 2-7-2　新建页

二、设置 PLC 数字量输入连接点属性

单击"项目数据"→"PLC"→"导航器"，打开 PLC 导航器，选中"-X11：1"号端子，单击右键→属性，如图 2-7-3 所示，弹出"属性"窗口，选中"PLC 连接点"选项卡，设定功能文本为"辊床 1 前行"、符号地址为"I0.0"、地址为"I0.0"、通道代号为"0"，如图 2-7-4 所示，单击"确定"，完成第一个 PLC 数字量输入连接点的属性设置。

同样的方法，

将"-X11：2"号端子，功能文本设定为"辊床 2 前行"、符号地址为"I0.1"、地址为"I0.1"、通道代号为"1"；

将"-X11：3"号端子，功能文本设定为"辊床 3 运行"、符号地址为"I0.2"、地址为"I0.2"、通道代号为"2"；

将"-X11：4"号端子，功能文本设定为"辊床自动运行"、符号地址为"I0.3"、地址为"I0.3"、通道代号为"3"；

将"-X11：5"号端子，功能文本设定为"辊床 1 占位信号"、符号地址为"I0.4"、地址为"I0.4"、通道代号为"4"；

将"-X11：6"号端子，功能文本设定为"辊床1到位信号"、符号地址为"I0.5"、地址为"I0.5"、通道代号为"5"；

将"-X11：7"号端子，功能文本设定为"辊床2占位信号"、符号地址为"I0.6"、地址为"I0.6"、通道代号为"6"；

将"-X11：8"号端子，功能文本设定为"辊床2到位信号"、符号地址为"I0.7"、地址为"I0.7"、通道代号为"7"；

将"-X11：11"号端子，功能文本设定为"辊床3占位信号"、符号地址为"I1.0"、地址为"I1.0"、通道代号为"8"；

将"-X11：12"号端子，功能文本设定为"辊床3到位信号"、符号地址为"I1.1"、地址为"I1.1"、通道代号为"9"；

完成设置后，PLC导航器中相应端子变化如图2-7-5所示。

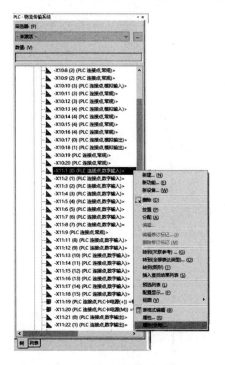

图2-7-3　弹出"属性"窗口

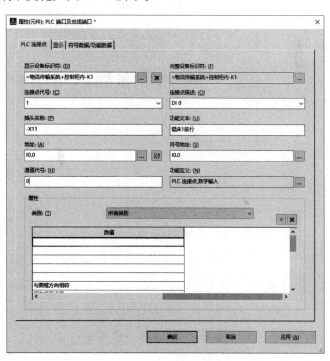

图2-7-4　属性设置

三、放置设备

选中"-X11：1"~"-X11：8"及"-X11：11"和"-X11：12"端子，单击右键→"放置"，如图2-7-6所示，通过Tab键切换PLC端子的显示形式，选择合适显示形式，在合适的位置，依次单击鼠标，插入相应的PLC连接点，如图2-7-7所示。所有PLC连接完成操作后如图2-7-1所示。

图2-7-5　PLC导航器中相应端子变化

135

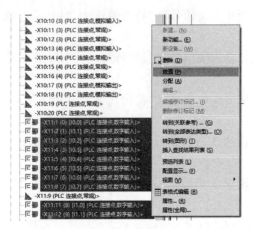

图 2-7-6 放置设备

图 2-7-7 插入相应的 PLC 连接点

任务八 PLC 数字量输入电路绘制

【任务描述】

如图 2-8-1 所示，在任务七的基础上，绘制 PLC 数字量输入电路。

具体要求：

1）图中 S8-S13 设备为行程开关，因在控制柜外，故暂不进行选型。

2）图中包含控制柜内设备和柜外设备，要求在图样中标注连接端子，注意端子的方向，一般而言，端子的上端接入控制柜内设备，端子的下端接入控制柜外设备。

【术语解释】

EPLAN 中的 PLC 管理可以与不同的 PLC 配置程序进行数据交换，可以分开管理多个 PLC 系统，可以为 PLC 连接点重新分配地址，可以与不同的 PLC 配置程序交换总线系统 PLC 控制系统的配置数据。

在原理图编辑环境中，有专门的 PLC 命令与工具栏，各种 PLC 按钮与菜单中的各项 PLC 命令具有对应的关系。EPLAN 中使用 PLC 盒子和 PLC 连接点来表达 PLC。

一、创建 PLC 盒子

在原理图中绘制各种 PLC 盒子，描述 PLC 系统的硬件表达。

（一）插入 PLC 盒子

选择菜单栏中的"插入"→"盒子连接点/连接板/安装板"→"PLC 盒子"按钮，此时光标变成交叉形状并附加一个 PLC 盒子符号。

将光标移动到需要插入 PLC 盒子的位置上，移动光标，选择 PLC 盒子的插入点，单击确定 PLC 盒子的角点，再次单击确定另一个角点，确定插入 PLC 盒子，此时光标仍处于插

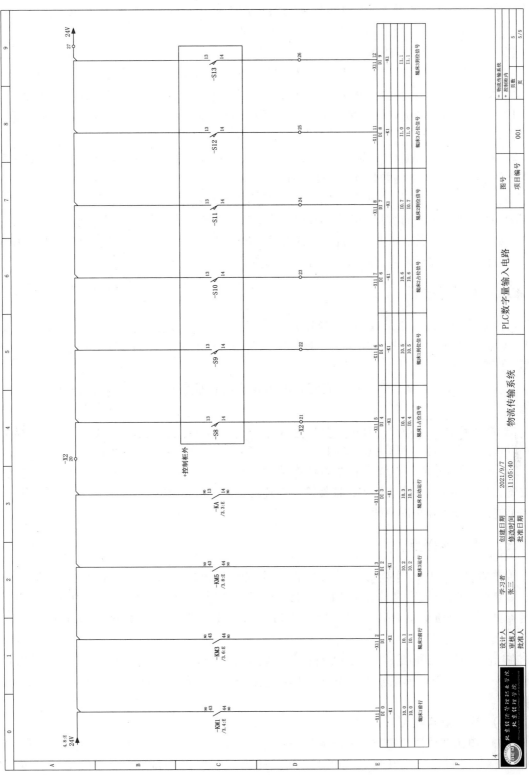

图2-8-1 PLC数字量输入电路

入 PLC 盒子的状态，重复上述操作可以继续插入其他的 PLC 盒子。PLC 盒子插入完毕，按右键"取消操作"命令或"Esc"键即可退出该操作。

（二）设置 PLC 盒子的属性

在插入 PLC 盒子的过程中，用户可以对 PLC 盒子的属性进行设置。双击 PLC 盒子或在插入 PLC 盒子后，弹出 PLC 盒子属性设置窗口，在该窗口中可以对 PLC 盒子的属性进行设置。

1）在"显示设备标识符"中输出 PLC 盒子的编号，PLC 盒子名称可以是信号的名称，也可以自己定义。

2）打开"符号数据/功能数据"选项卡，显示 PLC 盒子的符号数据，在"编号/名称"文本框中显示 PLC 盒子编号名称，单击"拓展"按钮，弹出"符号选择"窗口，在符号库中重新选择 PLC 盒子符号，单击"确定"，显示选择名称后的 PLC 盒子。

3）打开"部件"选项卡，显示 PLC 盒子中已添加部件。在左侧"部件编号-件数/数量"列表中显示添加的部件。单击空白行"部件编号"中的"拓展"按钮，系统弹出"部件选择"窗口，在该窗口中显示部件管理库，可浏览所有部件信息，为元件符号选择正确的元件。

二、PLC 导航器

选择菜单栏中的"项目数据"→"PLC"→"导航器"命令，打开"PLC"导航器，包括"树"标签与"列表"标签。在"树"标签中包含项目所有 PLC 的信息，在"列表"标签中显示配置信息。

在选中的 PLC 盒子上单击鼠标右键，弹出相应的快捷菜单，提供新建和修改 PLC 的功能。

1）选择"新建"命令，弹出"部件选择"窗口，选择 PLC 型号，创建一个新的 PLC，也可以选择一个相似的 PLC 执行复制命令，进行修改而达到新建 PLC 的目的。

2）直接将"PLC"导航器中的 PLC 连接点拖动到 PLC 盒子上，直接完成 PLC 连接点的放置。若需要插入多个连接点，选择第一个连接点+"Shift"键+最后一个连接点，拖住最后一个连接点放入原理图中即可。

三、PLC 连接点

通常情况下，PLC 连接点代号在每张卡中仅允许出现一次，而在 PLC 中可多次出现。如果附加通过插头名称区分 PLC 连接点，则连接点代号允许在一张卡中多次出现。连接点描述每个通道只允许出现一次，而每个卡可出现多次。卡电源可具有相同的连接点描述。

在实际设计中常用的 PLC 连接点有：PLC 数字输入（DI）、PLC 数字输出（DO）、PLC 模拟输入（AI）、PLC 模拟输出（AO）、PLC 连接点（可编程的 I/O 点）、PLC 端口和网络连接点。

（一）PLC 数字输入

首先，单击菜单栏"选项"→"设置"，弹出"设置"窗口，在该窗口，选中"项目"→"项目名称"→"设备"→"PLC"，在"PLC 相关设置"中选中"SIMATIC S7（I/O）"，单击"确定"。

再选择菜单栏中的"插入"→"盒子连接点/连接板/安装板"→"PLC 连接点（数字输

入）"命令，或单击"盒子"工具栏中的"PLC 连接点（数字输入）"按钮，此时光标变成交叉形状并附加一个"PLC 连接点（数字输入）"符号。将光标移动到 PLC 盒子边框上，移动光标，单击鼠标左键确定 PLC 连接点（数字输入）的位置。此时，光标仍处于放置 PLC 连接点（数字输入）的状态，重复上述操作可以继续放置其他的 PLC 连接点（数字输入）。PLC 连接点（数字输入）放置完毕，按右键"取消操作"命令或"Esc"键即可退出该操作。

在光标处于放置 PLC 连接点（数字输入）的状态时按"Tab"键，旋转 PLC 连接点（数字输入）符号，变换 PLC 连接点（数字输入）模式。

（二）设置 PLC 连接点（数字输入）的属性

在插入 PLC 连接点（数字输入）的过程中，用户可以对 PLC 连接点（数字输入）的属性进行设置。双击 PLC 连接点（数字输入）或在插入 PLC 连接点（数字输入）后，弹出 PLC 连接点（数字输入）属性设置窗口，在该窗口中可以对 PLC 连接点（数字输入）的属性进行设置。

1）在"显示设备标识符"中输入 PLC 连接点（数字输入）的编号。单击右侧的"拓展"按钮，弹出"设备标识符"窗口，在该窗口中选择 PLC 连接点（数字输入）的标识符，完成选择后，单击"确定"，关闭窗口。

2）在"连接点代号"文本框中自动输入 PLC 连接点（数字输入）连接代号。

3）在"地址"文本框中自动显示地址 I0.0。其中，PLC（数字输入）地址以 I 开头，PLC 连接点（数字输出）地址以 Q 开头，PLC 连接点（模拟输入）地址以 PIW 开头，PLC 连接点（模拟输出）地址以 PQW 开头。选择菜单栏中的"项目数据"→"PLC"→"地址/分配列表"命令，弹出"地址/分配列表"窗口，通过将为编程准备的 I/O 列表直接复制到对应位置，也可以通过"附件"按钮中的"导入分配列表"和"导出分配列表"命令，和不同的 PLC 系统交换数据。

PLC 连接点（数字输出）、PLC 连接点（模拟输入）、PLC 连接点（模拟输出）的插入方法与 PLC（数字输入）相同，这里不再赘述。

四、PLC 电源和 PLC 卡电源

在 PLC 设计中，为避免传感器故障对 PLC 本体的影响，确保安全回路切断 PLC 输出端时，PLC 通信系统仍然能够正常工作，把 PLC 电源和通道电源分开供电。

（一）PLC 卡电源

为 PLC 卡供电的电源称为 PLC 卡电源。

选择菜单栏中的"插入"→"盒子连接点/连接板/安装板"→"PLC 卡电源"命令，或单击"盒子"工具栏中的"PLC 卡电源"按钮，此时光标变成交叉形状并附加一个 PLC 卡电源符号。

将光标移动到 PLC 盒子边框上，移动光标，单击鼠标左键确定 PLC 卡电源的位置。此时，光标仍处于放置 PLC 卡电源的状态，重复上述操作可以继续放置其他的 PLC 卡电源。PLC 卡电源放置完毕，按右键"取消操作"命令或"Esc"键即可退出该操作。

在光标处于放置 PLC 卡电源的状态时按"Tab"键，旋转 PLC 卡电源符号，变换 PLC 卡电源模式。

（二）设置 PLC 卡电源的属性

在插入 PLC 卡电源的过程中，用户可以对 PLC 卡电源的属性进行设置。双击 PLC 卡电源或在插入 PLC 卡电源后，弹出 PLC 卡电源属性设置窗口，在该窗口中可以对 PLC 卡电源的属性进行设置。在"显示设备标识符"中输入 PLC 卡电源的编号；在"连接点符号"文本框中自动输入 PLC 卡电源连接代号；在"连接点描述"文本框中输入 PLC 卡电源符号，例如 DC、L+、M。

（三）PLC 电源

为 PLC I/O 通道供电的电源为 PLC 连接点电源。

选择菜单栏中的"插入"→"盒子连接点/连接板/安装板"→"PLC 连接点电源"命令，或单击"盒子"工具栏中的"PLC 连接点电源"按钮，此时光标变成交叉形状并附加一个 PLC 连接点电源符号。

将光标移动到 PLC 盒子边框上，移动光标，单击鼠标左键确定 PLC 连接点电源的位置。此时光标仍处于放置 PLC 连接点电源的状态，重复上述操作可以继续放置其他的 PLC 连接点电源。PLC 连接点电源放置完毕，按右键"取消操作"命令或"Esc"键即可退出该操作。

在光标处于放置 PLC 连接点电源的状态时按"Tab"键，旋转 PLC 连接点电源符号，变换 PLC 连接点电源模式。

（四）设置 PLC 连接点电源的属性

在插入 PLC 连接点电源的过程中，用户可以对 PLC 连接点电源的属性进行设置。双击 PLC 连接点电源或在插入 PLC 连接点电源后，弹出 PLC 连接点电源属性设置窗口，在该窗口中可以对 PLC 连接点电源的属性进行设置。在"显示设备标识符"中输入 PLC 连接点电源的编号；在"连接点代号"文本框中自动输入 PLC 连接点电源代号；在"连接点描述"文本框中输入 PLC 连接点电源，例如 1M、2M。

五、创建 PLC

创建 PLC 包括创建窗口宏和总览宏。

框选 PLC，选择菜单栏中的"编辑"→"创建窗口宏/符号宏"命令，或在选中电路上单击鼠标右键选择"创建窗口宏/符号宏"命令，或按"Ctrl+5"键，系统弹出"另存为"窗口。在"目录"文本框中输入 PLC 目录，在"文件名"文本框中输入 PLC 名称。

在"表达类型"下拉列表中显示 EPLAN 中"多线"类型。在"变量"下拉列表中可选择变量 A，勾选"考虑页比例"复选框，单击"确定"，完成 PLC 窗口宏创建。

选择菜单栏中的"插入"→"窗口宏/符号宏"命令，或按"M"键，系统弹出"选择宏"窗口，在之前的保存目录下选择创建的宏文件。

单击"打开"命令，此时光标变成交叉形状并附加选择的宏符号，将光标移动到需要插入宏的位置上，在原理图中单击鼠标左键确定插入宏。此时，系统自动弹出"插入模式"窗口，选择插入宏的标识符编号格式与标号方式，此时，光标仍处于插入宏的状态，重复上述操作可以继续插入其他的宏。宏插入完毕，按右键"取消操作"命令或"Esc"键即可退出操作。

【技能操作】

一、插入设备

单击"项目数据"→"设备"→"导航器"，打开设备导航器，在导航器中，选中 KM1 的 "43¶44（常开触点）"，如图 2-8-2 所示，单击右键→放置，在合适的位置单击鼠标，插入 KM1 的常开触点。

同样的方法，插入 KM3 的常开触点、KM5 的常开触点；选中 KA 的"13¶14（常开触点）"，单击右键→放置，在合适的位置单击鼠标，插入"-?K9"的常开触点，选中该触点，单击右键→属性，弹出"属性"窗口，单击显示设备标识符右侧拓展按钮，选中 KA，如图 2-8-3所示，单击确定，再单击确定，完成 KA 的常开触点插入。设备插入完成后如图 2-8-4所示。

图 2-8-2　插入 KM1 常开触点

图 2-8-3　KA 的常开触点插入

二、插入符号

单击"符号"按钮，弹出"符号选择"窗口，在左侧窗口选中"限位开关，机械的"，在右侧窗口选中第一个图标"SSEND 限位开关，常开触点"，如图 2-8-5 所示，单击"确定"，单击鼠标，弹出"属性"窗口，修改显示设备标识符为"-S8"，如图 2-8-6 所示，单击"确定"，插入限位开关"-S8"。同样的方法，分别插入限位开关"-S9""-S10""-S11"

"-S12""-S13",如图2-8-7所示。

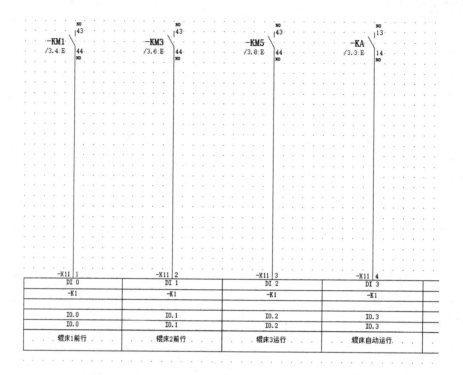

图 2-8-4 设备插入完成

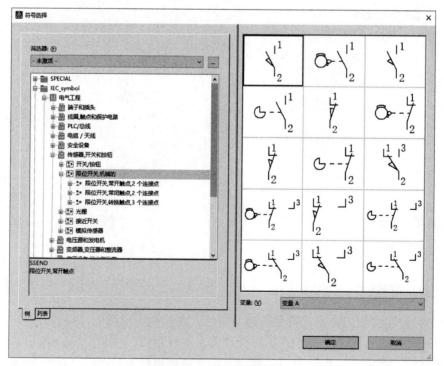

图 2-8-5 "符号选择"窗口

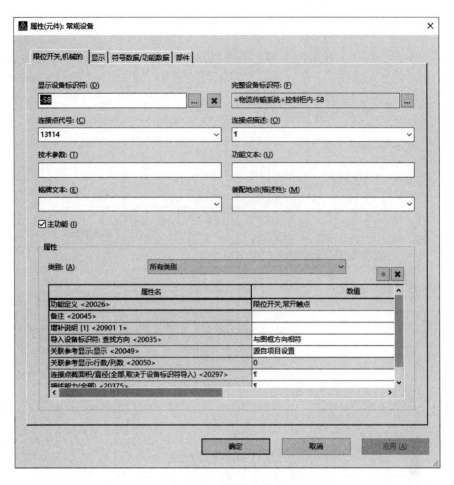

图 2-8-6　"属性"窗口

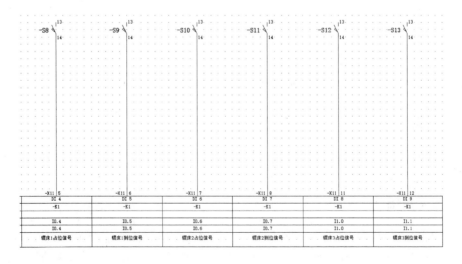

图 2-8-7　插入限位开关

三、插入中断点

单击"中断点"按钮，在图样左侧，单击鼠标，弹出"属性"窗口，单击显示设备标识符栏右侧拓展按钮，选中"24V"，单击"确定"；选中"显示"选项卡，单击属性排列下方的下拉菜单，选中"上方，0°"，如图 2-8-8 所示，单击"确定"，插入中断点"24V"；同样的方法，在图样右侧，再次插入中断点"24V"，如图 2-8-9 所示。

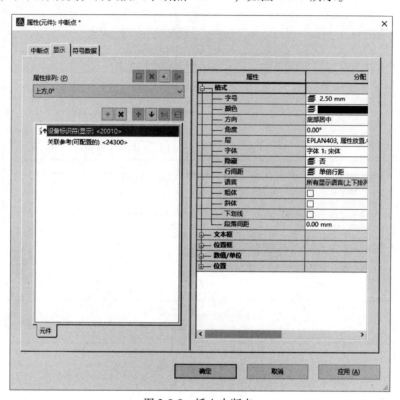

图 2-8-8　插入中断点

图 2-8-9　中断点插入完成

四、连接电路

在主界面的连接符号中选中合适连接符号，按照任务要求进行电路连接，如图 2-8-10 所示。

五、插入结构盒

单击"结构盒"按钮，在"-S8"左上角的位置，单击鼠标，拖拽鼠标到"-S13"的右下角，再次单击鼠标，弹出"属性"窗口，单击完整设备标识符右侧的拓展按钮，弹出"完整设备标识符"窗口，修改位置代号为"控制柜外"，如图 2-8-11 所示，单击"确定"，插入结构盒。

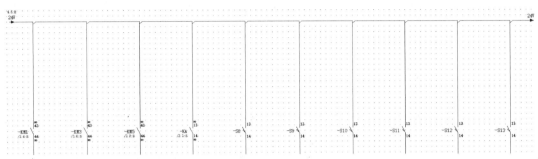

图 2-8-10　连接电路

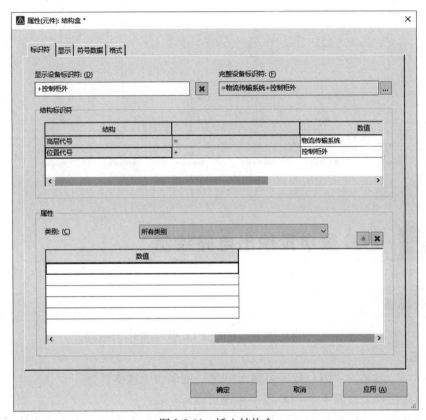

图 2-8-11　插入结构盒

六、添加控制柜内外设备连接的端子

因行程开关"-S8"~"-S13"是在控制柜外,故需要使用端子将其与控制柜内的设备进行连接。

单击"项目数据"→"端子排"→"导航器",打开端子排导航器,选中端子排 X2 中"20-27"号端子,单击右键,单击"放置",通过"Tab"切换图标显示状态,选中合适的显示状态,注意端子的上端 a 接入控制柜内设备,端子的下端 b 接入控制柜外的设备,单击鼠标,插入相应 20 号、21 号、22 号、23 号、24 号、25 号、26 号、27 号端子,如图 2-8-12 所示,完成操作。

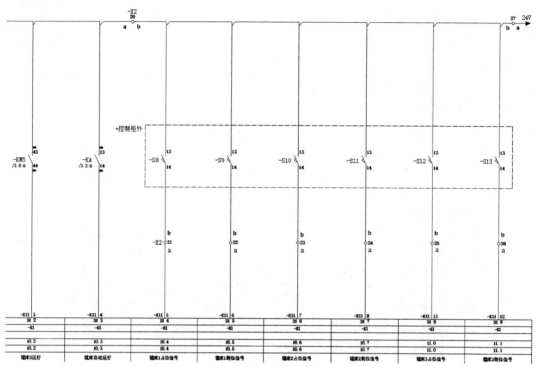

图 2-8-12　添加控制柜内外设备连接端子

任务九　PLC 数字量输出电路绘制

【任务描述】

如图 2-9-1 所示，在任务八的基础上，绘制 PLC 数字量输出电路。

具体要求：

1）新建一个名称为"PLC 数字量输出电路"的多线原理图页。

2）在新建图样上放置 4 个 PLC 数字量输出点。

3）图中继电器使用型号为 SIE.3RH2122-1HB40，并需要将与之相关的图样中的设备进行关联。

注意事项：

"物流传输系统"分配 PLC 数字量输出点及功能文本、符号地址、地址、通道代号见表 2-9-1。

表 2-9-1　PLC 数字量输出点及功能文本、符号地址、地址、通道代号

序号	PLC 数字量输出点	功能文本	符号地址	地址	通道代号
1	-X11：33	辊床 1 前行	Q0.0	Q0.0	10
2	-X11：34	辊床 2 前行	Q0.1	Q0.1	11
3	-X11：35	辊床 3 运行	Q0.2	Q0.2	12
4	-X11：36	变频器控制	Q0.3	Q0.3	13

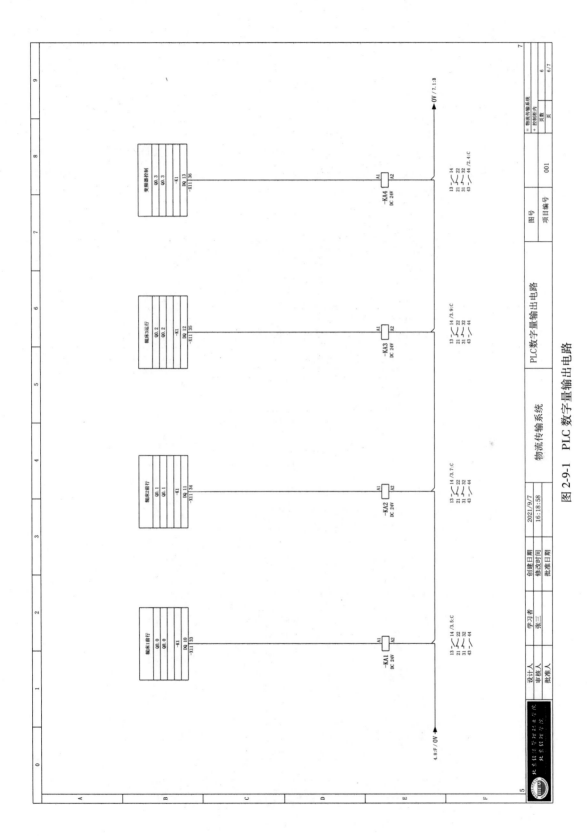

图 2-9-1　PLC 数字量输出电路

【术语解释】

EPLAN 中 PLC 编址有三种方式：地址、符号地址、通道代号。在 PLC 的连接点及连接点电源的属性窗口中，可以随意编辑地址，对于 PLC 卡电源（CPS），地址是无法输入的。

一、设置 PLC 编址

选择菜单栏中的"选项"→"设置"命令，弹出"设置"窗口，如图 2-9-2 所示，选择"项目"→"项目名称"→"设备"→"PLC"选项，在"PLC 相关设置"下拉列表中选择系统预设的一些 PLC 的编址格式如图 2-9-3 所示。

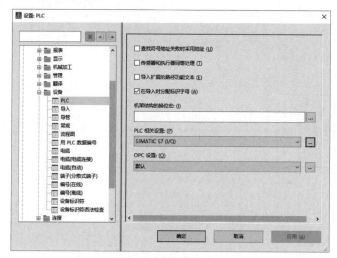

图 2-9-2 "PLC"选项

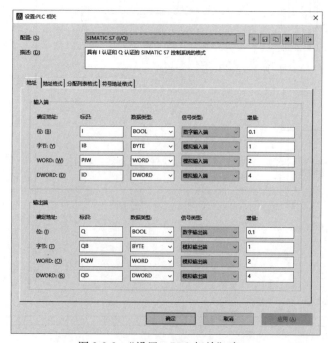

图 2-9-3 "设置：PLC 相关"窗口

二、PLC 编址

选择整个项目或者在"PLC"导航器中选择需要编址的 PLC，选择菜单栏中的"项目数据"→"PLC"→"编址"命令，弹出"重新确定 PLC 连接点地址"窗口，如图 2-9-4 所示。

在"PLC 相关设置"下选择建立的 PLC 地址格式，勾选"数字连接点"复选框，激活"数字起始地址"选项，输入起始地址的输入端与输出端。勾选"模拟连接点"复选框，"模拟起始地址"选项，输入起始地址的输入端与输出端。在"排序"下拉列表中选择排序方式。

1）根据卡的设备标识符和放置（图形）：在原理图中针对每张卡根据其图形顺序对 PLC 连接点进行编址（只有在所有连接点都已放置时此选项才有效）。

2）根据卡的设备标识符和通道代号：针对每张卡根据通道代号的顺序对 PLC 连接点进行编址。

图 2-9-4　"重新确定 PLC 连接点地址"窗口

3）根据卡的设备标识符和连接点代号：针对每张卡根据连接点代号的顺序对 PLC 连接点进行编址。此时要考虑插头名称并在连接点前排序，也就是说，连接点"-A1-1. 2"在连接点"-A1-2. 1"之前。

单击"确定"，进行编址，结果如图 2-9-5 所示。

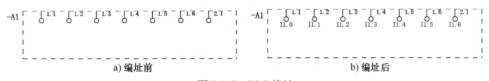

a) 编址前　　　　　　　　　　　　　b) 编址后

图 2-9-5　PLC 编址

三、PLC 总览输出

在原理图页上单击鼠标，选择"新建"命令，弹出"页属性"窗口，在图样中新建页，"页类型"选择未"总览（交互式）"，建立总览页，绘制的部件总览是以信息汇总的形式出现的，不作为实际电气接点应用。

【技能操作】

一、新建页

在"页导航器"中，选中"物流传输系统"，单击"右键"→"新建"，弹出"新建页"窗口，单击"完整页名"右侧的拓展按钮，修改页名为 6，修改页描述为"PLC 数字量输出电路"，如图 2-9-6 所示，单击"确定"，完成页面新建。

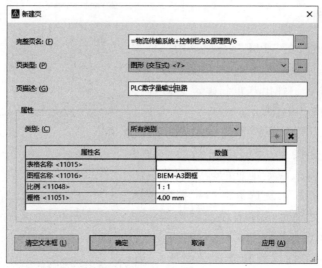

图 2-9-6　新建页

二、设置 PLC 数字量输出连接点属性

单击"项目数据"→"PLC"→"导航器",打开 PLC 导航器,选中"-X11：33"号端子,单击右键→属性,如图 2-9-7 所示,弹出"属性"窗口,设定功能文本为"辊床 1 前行"、符号地址为"Q0.0"、地址为"Q0.0"、通道代号为"10",如图 2-9-8 所示,单击"确定",完成第一个 PLC 数字量输出连接点的属性设置。

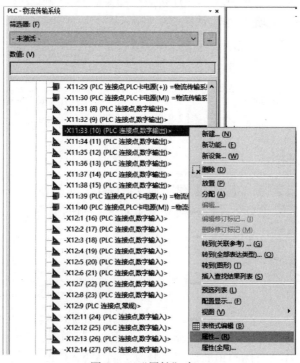

图 2-9-7　"属性"窗口

同样的方法，将"-X11：34"号端子，设定功能文本为"辊床 2 前行"、符号地址为"Q0.1"、地址为"Q0.1"、通道代号为"11"；

将"-X11：35"号端子，设定功能文本为"辊床 3 运行"、符号地址为"Q0.2"、地址为"Q0.2"、通道代号为"12"；

将"-X11：36"号端子，设定功能文本为"变频器控制"、符号地址为"Q0.3"、地址为"Q0.3"、通道代号为"13"；

完成属性设置后，PLC 导航器中的数字量输出点"-X11：33"~"-X11：36"如图 2-9-9所示。

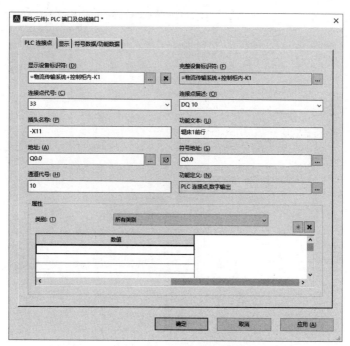

图 2-9-8　完成属性设置

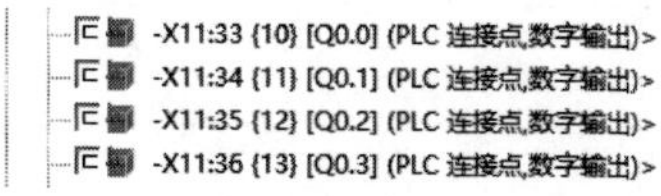

- -X11:33 {10} [Q0.0] (PLC 连接点,数字输出)>
- -X11:34 {11} [Q0.1] (PLC 连接点,数字输出)>
- -X11:35 {12} [Q0.2] (PLC 连接点,数字输出)>
- -X11:36 {13} [Q0.3] (PLC 连接点,数字输出)>

图 2-9-9　导航器中的数字量输出点

三、放置设备

选中"-X11：33"~"-X11：36"端子，单击右键，单击"放置"，通过 Tab 键切换 PLC 端子的显示形式，选择合适的显示形式，在合适的位置依次单击鼠标，分别插入相应的 PLC 数字量输出连接点，如图 2-9-10 所示。

图 2-9-10　放置设备

四、插入设备

单击"插入"→"设备",弹出"部件选择"窗口,选中"继电器,接触器"中的"SIE. 3RH2122-1HB40",如图 2-9-11 所示,单击"确定",单击鼠标,插入继电器线圈;双击该线圈,弹出"属性"窗口,修改显示设备标识符为"-KA1",单击"确定",完成"-KA1"线圈插入。同样的方法,插入"-KA2"线圈、"-KA3"线圈、"-KA4"线圈,如图 2-9-12 所示。

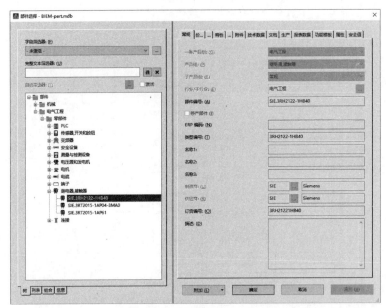

图 2-9-11 "部件选择"窗口

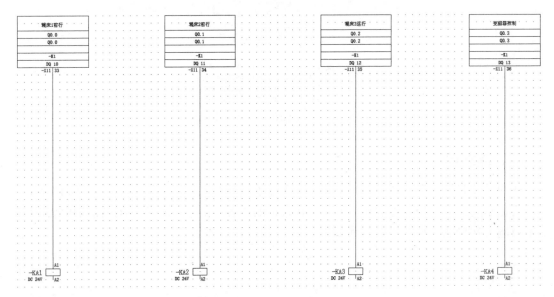

图 2-9-12 插入线圈

五、插入中断点

单击"中断点"按钮，通过 Tab 切换中断点显示状态，选中合适状态，在图样左侧，单击鼠标，弹出"属性"窗口，单击显示设备标识符栏右侧拓展按钮，选中"0V"，单击确定，单击确定，插入中断点"0V"；同样的方法，在图样右侧，再次插入中断点"0V"。

六、连接电路

在主界面的连接符号中选中合适连接符号，按照任务要求进行电路连接，如图 2-9-13 所示。

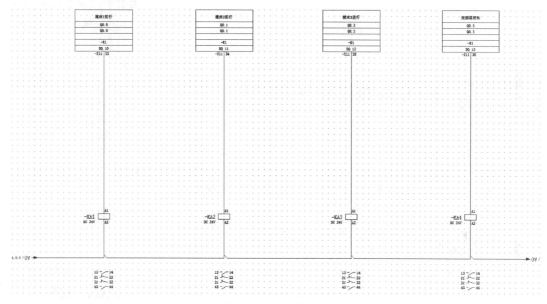

图 2-9-13 连接电路

七、关联设备

本电路中的 KA1~KA4 的常开辅助触点分布在"变频器及直流电源"和"继电控制回路"电路中，需要将设备进行关联。

步骤一：在页导航器中，双击"继电控制回路"，打开"继电控制回路"图样，双击"-?K6"，弹出"属性"窗口，单击"显示设备标识符"右侧拓展按钮，选中"KA1"，单击"确定"，再单击"确定"，完成设备关联。

同样的方法，将"-?K7"关联为"KA2"；将"-?K8"关联为"KA3"。

步骤二：在页导航器中，双击"变频器及直流电源"，打开"变频器及直流电源"图样；单击"项目数据"→"设备"→"导航器"，打开设备导航器，选中 KA4 的"43¶44（常开触点）"，单击右键→放置，在图样合适的位置单击鼠标，插入 KA4 的常开触点，并利用连接符号，根据电路进行连接，如图 2-9-14 所示，其中连接点形状不符合接线方向，可双击该连接点，弹出"T 节点向左"，选中"1. 目标下，2. 目标左（T）"，如图 2-9-15 所示，单击"确定"，完成操作。

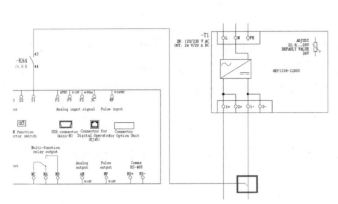

图 2-9-14　粗方框处不符合接线方向

图 2-9-15　选择合适的接线方向

任务十　HMI 电源电路绘制

【任务描述】

如图 2-10-1 所示，在任务九的基础上，绘制 HMI 电源电路。

具体要求：

1）新建一个名称为"HMI 电源电路"的多线原理图页。

2）根据图样中内容的多少，调整绘图比例。

3）图中设备为 HMI，型号为 SIE. 6AV2123-2GA03-0AX0，该设备一般位于控制柜柜门上，在绘图时要求标注连接端子，注意端子的方向，一般而言，端子的上端接入控制柜内设备，端子的下端接入控制柜外以及柜面设备。

【术语解释】

一、层管理

EPLAN 图层的概念类似投影片，将不同属性的对象分别放置在不同的投影片（图层）上。例如，将原理图中的设备、连接点、黑盒等分别绘制在不同的图层上，每个图层可设定不同的线型、线条颜色，然后把不同的图层堆栈在一起成为一张完整的视图，这样就可使视图层次分明，方便图形对象的编辑与管理。一个完整的图形就是由它所包含的所有图层上的对象叠加在一起构成的。

（一）图层的设置

用图层功能绘图之前，用户首先要对图层的各项特性进行设置，包括建立和命名图层，设置当前图层，设置图层的颜色和线型，图层是否关闭，以及图层删除等。

EPLAN Electric P8 提供了详细直观的"层管理"窗口，用户可以方便地通过对该窗口中各选项及其二级选项进行设置，从而实现创建新图层、设置图层颜色及线型的各种操作。

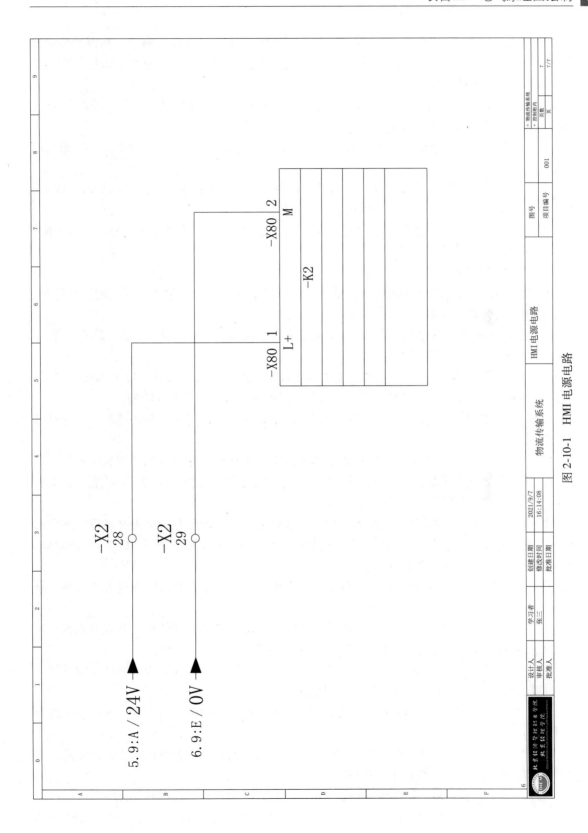

图 2-10-1 HMI 电源电路

选择菜单栏中的"选项"→"层管理"命令，系统打开"层管理"窗口，在该窗口中包括图形、符号图形、属性设置、特殊文本和 3D 图形这五个选项组，该五类下还包括不同类型的对象，分别对不同对象设置不同类型的层。

1）"新建图层"按钮：单击该按钮，图层列表中出现一个新的图层名称"新建_层-1"，用户可以使用此名称，也可改名。

2）"删除图层"按钮：在图层列表中选中某一图层，然后单击该按钮，则把该图层删除。

3）"导入"按钮：在图层列表中导入选中的图层，单击该按钮，弹出"层导入"窗口，选择层配置文件"*.elc"，导入设置层属性的文件。

4）"导出"按钮：在图层列表中导出设置好的图层模板，单击该按钮，弹出"层导出"窗口，导出层配置文件"*.elc"。

（二）图层列表

图层列表区显示已有的层及特性。要修改某一层的某一特性，单击它对应的图标即可。列表区中各列的含义如下：

1）层：显示满足条件的图层名称。如果要对某图层修改，首先要选中该图层的名称。

2）描述：解释该图层中的对象。

3）"线型"下拉列表框：单击右侧的向下箭头，用户可从中选择。修改当前线型后，不论在哪个层中绘图都采用这种线型，但对各个层的线型设置是没有影响的。

4）"样式长度"下拉列表框：单击右侧的向下箭头，用户可从打开的选项列表中选择一种默认长度。

5）"线宽"下拉列表框：单击右侧的向下箭头，用户可从打开的选项列表中选择一种线宽，使之成为当前线宽。修改当前线宽后，不论在哪个层中绘图都采用这种线宽，但对各个图层的线宽设置是没有影响的。

6）颜色：显示和改变图层的颜色。如果要改变某一图层的颜色，单击其对应的颜色图标，系统打开选择颜色窗口，用户可从中选择需要的颜色，单击"扩展"按钮，扩展窗口，显示扩展的色板，增加可选择的颜色。

7）"方向"下拉列表框：单击右侧的向下箭头，用户可从打开的选项列表中选择一种文字的方向。

8）"角度"下拉列表框：单击右侧的向下箭头，用户可从打开的选项列表中选择一种对象放置角度，包括 0°、45°、90°、135°、180°、−45°、−90°、−135°。

9）"行间距"下拉列表框：单击右侧的向下箭头，用户可从打开的选项列表中选择一种行间距，包括单倍间距、1.5 倍间距、双倍间距。

10）"段落间距"下拉列表框：单击右侧的向下箭头，用户可从打开的选项列表中选择间距大小。

11）"文本框"下拉列表框：单击右侧的向下箭头，用户可从打开的选项列表中选择文本框类型，包括长方形、椭圆形、类椭圆。

12）"可见"复选框：勾选该复选框，该层在原理图中显示，否则不显示。

13）"打印"复选框：勾选该复选框，该层在原理图打印时可以打印，否则不能由打印机打出。

14)"锁定"复选框：勾选该复选框，图层呈现锁定状态，该层中的对象均不会显示在绘图区中，也不能由打印机打出。

15)"背景"复选框：勾选该复选框，该层在原理图中显示背景，否则不显示。

16)"可按比例缩放"复选框：勾选该复选框，该层在原理图中显示时可按比例缩放，否则不可缩放。

17)"3D层"复选框：勾选该复选框，该层在原理图中显示3D层，否则不显示。

二、插头

插头、耦合器和插座是可分解的连接，称为插头连接，用来将元件、设备和机器连接起来。

在EPLAN中所有的插头连接都概括为"插头"，统一进行管理。将插头理解为多个插针的组合，插针分为公插针与母插针。插头包含多个用于安插到嵌入式插头的公插头。插头的配对物称为耦合器，通常配有母插头。

（一）插头符号

选择菜单栏中的"插入"→"符号"命令，系统将弹出"符号选择"窗口，选择"电气工程"→"端子和插头"选项组下包含专门的插针与插座符号。

工业上，用于插头连接的连接器叫做插接件，一般统称为插头。通常，插座一般指固定在底盘上的一半，插头一般指不固定的一半。

插针仅是插头的一部分，插头是由多个插针及其他附件（比如插头盖、锁紧螺钉等）组成的。有凸起的一端叫公插针，有凹槽的一端叫母插针。带公插针的插头称为公插头；带母插针的插头称为母插头。带公插针的插座称为公插座；带母插针的插座称为母插座。

1)单击"插针"左侧的"+"符号，显示2个连接点，可选择不同类型的插针符号。

2)插座在原理图中分插座与插头，根据连接点个数不同可分为2、3、4、5。

选择需要的插头符号，单击"确定"，原理图中在光标上显示浮动的插头符号，选择需要放置的位置，单击鼠标左键，自动弹出端子属性设置窗口，插头自动根据原理图中放置的元件编号进行更改，默认排序显示X1，单击"确定"，完成设置，插头被放置在原理图中，同时，在"插头"导航器中显示新添加的插头X1，此时，光标仍处于放置插头状态，重复上述操作可以继续放置其他的插头。插头放置完毕，按右键"取消操作"命令或"Esc"键即可退出该操作。插头与插座总是成对出现的，完成插头放置后，放置插座的步骤相同，这里不再赘述。

（二）插头导航器

选择菜单栏中"项目数据"→"插头"→"导航器"命令，打开"插头"导航器。在"插头"导航器中包含项目所有的插头信息，提供和修改插头的功能，包括插头名称的修改、显示格式的改变、插头属性的编辑等。

1. 筛选对象的设置

单击"筛选器"面板最上部的下拉列表按钮，可在该下拉列表框中选择想要查看的对象类别。

2. 插入"插头"

在"插头"导航器中选择对象，向原理图中拖动，此时光标变成交叉形状并附加一个插头图形符号，移动光标，单击确定插头定义的位置。

3. 定位对象的设置

在"插头"导航器中还可以快速定位导航器中的元件在原理图中的位置。选择项目文件下的插头，单击鼠标右键，选择"转到（图形）"命令，自动打开该插头所在的原理图页，并高亮显示该插头的图形符号。

（三）新建插头

插头元件包括插头定义和插头图形。在"插头"导航器创建插头元件时，可直接创建插头元件，也可分开创建，根据实际情况进行创建。

1. 新建

1）选择"新建"命令，弹出"功能定义"窗口，在该窗口中可以选择创建插头定义或插头图形，也可创建包含连接点的插针。

2）选择"插头定义"→"插头定义，公插针"选项，单击"确定"，自动打开插头定义的属性编辑窗口，可设定"显示设备标识符"，单击"确定"，关闭窗口，在"插头"导航器中显示创建的插头定义。在导航器中选中该插头定义，单击右键，选择"放置"命令，此时光标变成交叉形状并附加一个插头定义符号，移动移动光标，单击确定插头定义的位置。

3）选择"插针"→"插针，2 个连接点"→"N 公插针，2 个连接点"选项，单击"确定"，自动打开公插头的属性编辑窗口，可设定"显示设备标识符"，单击"确定"，关闭窗口，在"插头"导航器中显示创建的公插头。在导航器中选中该公插头，单击右键，选择"放置"命令，此时光标变成交叉形状并附加一个公插头符号，移动移动光标，单击确定公插头的位置。

4）选择"插针"→"图形"选项，选择插入插针图形元件，单击"确定"，自动打开插针的属性编辑窗口，可设定"显示设备标识符"，单击"确定"，关闭窗口，在"插头"导航器中显示创建的插针图形。在导航器中选中该插针图形，单击右键，选择"放置"命令，此时光标变成交叉形状并附加一个插针图形，移动光标，单击确定插针图形的位置。

2. 新建插头定义

1）选择"生成插头定义"命令，弹出子菜单，可选择生成仅公插针、仅母插针、公插针和母插针的插头定义，及设备标识符。

2）选择"生成插头定义"→"公插针和母插针"命令后，自动打开公插针和母插针的插头定义属性编辑窗口，可设定"显示设备标识符"，单击"确定"，关闭窗口，在"插头"导航器中显示创建的公插针和母插针的插头定义。

3. 新建插针

1）选择"生成插针"命令，弹出子菜单，可选择生成公插针、母插针、公插针和母插针。

2）选择"生成插针"→"公插针"命令后，自动打开公插针属性编辑窗口，可设定"显示设备标识符"，单击"确定"，关闭窗口，在"插头"导航器中显示创建的公插针。

【技能操作】

一、新建页

在"页导航器"中，选中"物流传输系统"，单击"右键"→"新建"，弹出"新建页"窗口，单击"完整页名"右侧的拓展按钮，修改页名为7，修改页描述为"HMI电源电路"，如图 2-10-2 所示，单击"确定"，完成页面新建。

图 2-10-2　新建页

二、插入设备

单击"插入"→"设备"，弹出"部件选择"窗口，选中"PLC"中的"SIE.6AV2123-2GA03-0AX0"，如图 2-10-3 所示，单击"确定"，通过"Tab"切换到 HMI 电源形式，在合适的位置单击鼠标，弹出"插入模式"，单击"确定"，插入 HMI 电源图标，如图 2-10-4 所示。

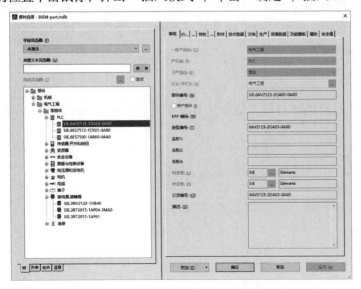

图 2-10-3　"部件选择"窗口

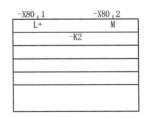

图 2-10-4　插入 HMI 电源图标

三、放大电路

因为该图样页面中所绘制内容较少，所以可以相应放大相关设备图标。选中"页导航器"中"HMI 电源电路"，单击右键→"属性"，弹出"页属性"窗口，修改比例栏中数值为"3：1"，如图 2-10-5 所示，单击"确定"；选中放大的图标，拖拽鼠标，将图标拖放到图样中间位置。

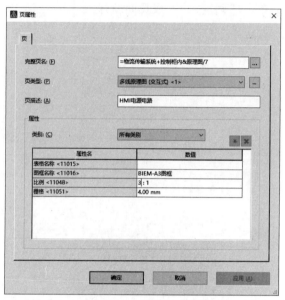

图 2-10-5　放大电路

四、插入中断点

单击"中断点"按钮，通过 Tab 切换中断点显示状态，单击鼠标，弹出"属性"窗口，单击显示设备标识符栏右侧拓展按钮，选中"24V"，单击"确定"，再单击"确定"，插入中断点"24V"；同样的方法，插入中断点"0V"。

五、连接电路

在主界面的连接符号中选择合适连接符号，按照任务要求进行电路连接，如图 2-10-6 所示。

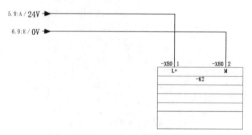

图 2-10-6　连接电路

六、插入端子

因为 HMI 一般位于控制柜柜面，需要通过端子与控制柜内的设备连接。

单击"项目数据"→"端子排"→"导航器"，打开端子排导航器，选中端子排 X2 中 "28-29"号端子，单击右键→"放置"，通过"Tab"切换端子显示状态，选中合适的显示状态，单击鼠标，插入相应 28 号、29 号端子，注意端子的上端 a 接入控制柜内设备，端子的下端 b 与控制柜外设备连接，其连接示意图如图 2-10-7 所示。

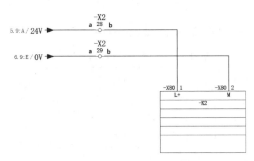

图 2-10-7　插入端子连接示意图

七、运行检查

步骤一：单击"项目数据"→"消息"→"执行项目检查"，弹出"执行项目检查"窗口，勾选"应用到整个项目"，如图 2-10-8 所示，单击"确定"，自动执行项目检查。

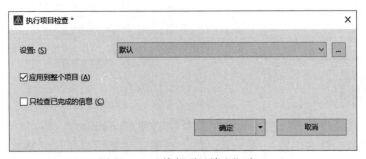

图 2-10-8　"执行项目检查"窗口

步骤二：单击"项目数据"→"消息"→"管理"，弹出"消息管理"窗口，查看检查结果。

若"消息管理"窗口中不显示消息文本，如图 2-10-9 所示，表明电气检查通过；若"消息管理"窗口中显示问题，则根据错误信息提示进行修改，修改完成后，重新进行检查。检查通过，完成操作。

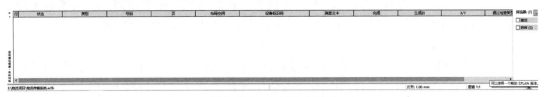

图 2-10-9　电气检查通过

任务十一　导线颜色和线径确定

【任务描述】

在前期的基础上，完成"物流传输系统"电气原理图的导线颜色和线径确定。

具体要求：

电气原理图中的导线颜色和线径要求见表 2-11-1。

表 2-11-1　导线颜色和线径要求

电路类型	功能线	颜色	线径	型号
主电路	L1	黄	2.5	Draght_YE_2, 5
	L2	绿		Draght_GN_2, 5
	L3	红		Draght_RD_2, 5
	N	蓝		Draght_BU_2, 5
	PE	黄绿		Draght_GNYE_2, 5
继电器控制回路	L	红	1.5	Draght_RD_1, 5
	N	蓝		Draght_BU_1, 5
	控制线	黑		Draght_BK_1, 5
PLC 电路	24V	棕	0.75	Draght_BN_0, 75
	0V	蓝		Draght_BU_0, 75
	控制线	白		Draght_WH_0, 75

【术语解释】

精确定位工具是指能够快速准确地定位某些特殊点（如端点、中点、圆心等）和特殊位置（如水平位置、垂直位置）的工具，在"视图"工具栏显示包括捕捉模式、栅格、对象捕捉、开/关输入框、智能连接等功能开关按钮。

原理图设计时，设备两端连接过程中，通常绘图人员需要注意的是捕捉至栅格，单击"视图"工具栏中的"栅格"按钮，打开栅格，根据栅格大小，将栅格分为 A、B、C、D、E 五种。

一、栅格显示

栅格是覆盖整个坐标系（UCS）XY 平面的直线或点组成的矩形图案。使用栅格类似于在图形下放置一张坐标纸。利用栅格可以对齐对象并直观显示对象之间的距离。

（一）栅格显示

用户可以应用栅格显示工具使工具区显示网格，它是一个形象的画图工具，就像传统的坐标纸一样。单击"视图"工具栏中的"栅格"按钮，或按"Ctrl+Shift+F6"快捷键，打开或关闭栅格，用于控制是否显示栅格。

（二）栅格样式

若栅格太大，放置设备时容易布局不均。若栅格过小，设备不易对齐，根据栅格 X 轴间距和 Y 轴间距设置栅格在水平与垂直方向的间距。根据栅格大小，将栅格分为 A、B、C、D、E 五种，单击工具栏中相应的按钮，切换栅格类型。

（三）捕捉到栅格

选择菜单栏中的"选项"→"捕捉到栅格"命令，或单击"视图"工具栏中的"开/关捕捉到栅格"按钮，则系统可以在工作区生成一个隐含的栅格（捕捉栅格），这个栅格能够捕捉光标，约束它只能落在栅格的某一个节点上，使用户能够高精度地捕捉和选择这个栅格上的点。

（四）对齐到栅格

单击"视图"工具栏中的"对齐至栅格"按钮，则系统会自动将选中的元件对齐至栅格。

二、动态输入

激活"动态输入"，在光标附近显示出一个提示框（称为"工具提示"），工具提示中显示出对应的命令提示和光标的当前坐标值。选择菜单栏中的"选项"→"输入框"命令，或单击"视图"工具栏中的"开/关输入框"按钮，或按"C"快捷键，打开或关闭动态输入，该按钮用于控制是否显示动态输入。

三、对象捕捉模式

EPLAN 中经常要用到一些特殊点，如圆心，切点，线段或圆弧的端点、中点等，如果只利用光标在图形上选择，要准确地找到这些点是十分困难的，因此，EPLAN 提供了一些识别这些点的工具，通过工具即可容易地构造新几何体，精确地绘制图形，其结果比传统手工绘图更精确且更容易维护。在 EPLAN 中，这种功能称为对象捕捉功能。

选择菜单栏中的"选项"→"对象捕捉"命令，或单击"视图"工具栏中"开/关对象捕捉"按钮，控制捕捉功能的开关，可以基于对象端点、中点或者对象的交点，沿着某个路径选择一点。

四、智能连接

原理图中元件的自动连接只要满足元件的水平或垂直对齐即可实现，相对性地，移动原理图中的元件，当元件之间不再满足水平或垂直对齐时，元件间的连接自动断开，需要利用角连接重新连接，这种特性对于原理图的布局有很大困扰，步骤过于繁琐。这里引入"智能连接"，自动跟踪元件自动连接线。

（一）移动元件

选择菜单栏中的"选项"→"智能连接"命令，或单击"视图"工具栏中的"智能连接"按钮，激活智能连接。点击鼠标左键，选择图 2-11-1 中的元件，在原理图内移动元件，松开鼠标左键后将自动跟踪自动连接线，如图 2-11-2 所示。如果不再需要使用智能连接，则重新选择菜单栏中的"选项"→"智能连接"命令，取消激活连接，点击鼠标左键，选择元件，在原理图内移动元件，松开鼠标左键后将自动断开连接线，如图 2-11-3 所示。

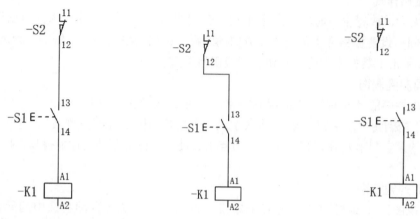

图 2-11-1　原始图形　　　　图 2-11-2　智能连接　　　　图 2-11-3　自动断开连接线

（二）剪切复制元件

在智能连接情况下，也可进行剪切和复制操作。

选择菜单栏中"选项"→"智能连接"命令，激活智能连接。选择菜单栏中的"编辑"→"剪切"命令，单击鼠标左键，选择图 2-11-1 中的元件，剪切该元件，同时在元件连接段开出自动添加"中断点"符号；选择菜单栏中"编辑"→"粘贴"命令，单击鼠标左键，在原理图内粘贴元件，同时系统弹出"插入模式"窗口，选择"编号"选项，自动递增粘贴元件的编号，单击"确定"，完成元件粘贴。同时，粘贴元件连接断开处自动添加"中断点"符号，如图 2-11-4 所示。

如果不再需要使用智能连接，则重新选择菜单栏中的"选项"→"智能连接"命令，取消激活智能连接。选择菜单栏中的"编辑"→"剪切"命令，单击鼠标左键，选择元件，完成元件剪切，同时元件连接取消；选择菜单栏中"编辑"→"粘贴"命令，单击鼠标左键，在原理图内粘贴元件，如图 2-11-5 所示。

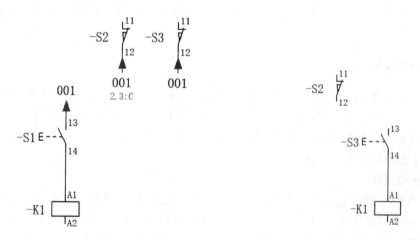

图 2-11-4　智能剪切粘贴连接　　　　　　图 2-11-5　自动断开连接

五、直接编辑

一般情况下，修改原理图中元件的设备标识符和计数参数等文本，可以通过双击元件，打开"属性"窗口，在显示设备标识符中进行修改。也可以单击"视图"工具栏中的"直接编辑"按钮，直接修改元件设备的标识符和计数参数等文本，直接在需要修改的文本上单击，显示编辑显示框，在弹出的文本框中输入新的名称。

【技能操作】

一、连接定义点插入

在页导航器中，双击"主电路"，打开主电路图样；单击"插入"→"连接定义点"，调整"栅格"为"栅格 A"，在 X1 的 1 号端子上端位置，单击鼠标，弹出"属性"窗口，单击"颜色/编号"栏右侧拓展按钮，选中为黄色，单击"确定"；单击"截面积/直径"栏右侧拓展按钮，弹出"截面积/直径"窗口，选中为"2，5"，如图 2-11-6 所示，单击"确定"。

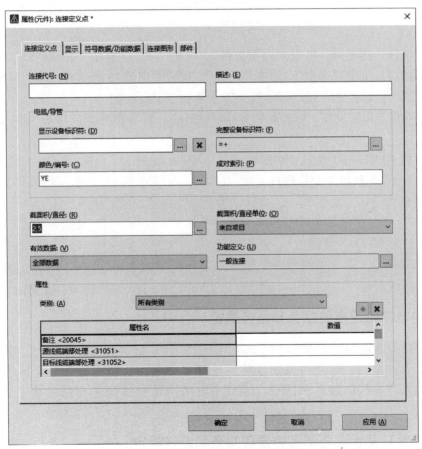

图 2-11-6　"连接定义点"窗口

选中"符号数据/功能数据"选项卡，单击"编号/名称"栏右侧拓展按钮，选中

"CDP", 如图 2-11-7 所示, 单击"确定"。

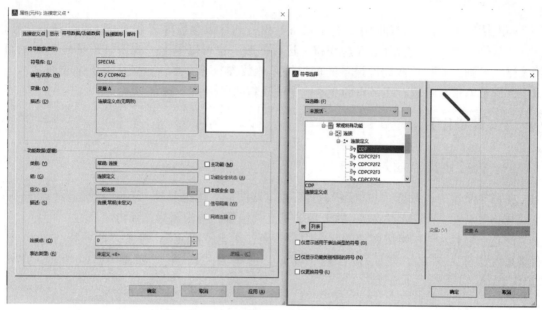

图 2-11-7 "符号数据/功能数据"选项卡

选中"部件"选项卡, 单击"设备选择", 单击"是", 选中"Draht_YE_2, 5"型号 (黄色 2.5 号线), 单击"确定", 单击"确定", 完成主电路 L1 相连接线颜色和路径确定。

通过复制、粘贴, 完成 L2、L3、N、PE 上连接定义点绘制。

再分别双击连接定义点, 修改颜色为 GN (绿色), 设备型号为"Draht_GN_2, 5"(绿色 2.5 号线)。

修改颜色为 RD (红色), 设备型号为 "Draht_RD_2, 5"(红色 2.5 号线);

修改颜色为 BU (蓝色), 设备型号为 "Draht_BU_2, 5"(蓝色 2.5 号线);

修改颜色为 GNYE (黄绿色), 设备型号 为"Draht_GNYE_2, 5"(黄绿色 2.5 号线), 如图 2-11-8 所示。

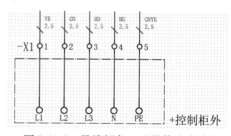

图 2-11-8 导线颜色、型号修改完成

二、主电路图连接线颜色和路径确定

本页图样为主电路图, 根据 L1、L2、L3、N、PE 分别为黄、绿、红、蓝、黄绿花色, 线径 2.5 的原则, 可通过复制、粘贴连接定义点, 分别将每一根连接线使用连接定义点确定该连接线的颜色和线径。完成主电路图连接线颜色和路径确定如图 2-11-9 所示。

三、变频器及直流电源图连接线颜色和路径确定

打开"变频器及直流电源"电路图, 在本页图样中, 变频器主电路根据 L1、L2、L3、N、PE 分别为黄、绿、红、蓝、黄绿花色, 线径 2.5 的原则, 设定连接线颜色和路径。

直流电源输入电路连接线根据相线为红色 1.5，型号"Draht_RD_1, 5"（红色 1.5 号线）；零线为蓝色 1.5，型号"Draht_BU_1, 5"（蓝色 1.5 号线）的原则设定。

输出电路连接线 24V 为棕色 0.75，型号为"Draht_BN_0, 75"（棕色 0.75 号线）；0V 为蓝色 0.75，型号"Draht_BU_0, 75"（蓝色 0.75 号线）的原则设定。

变频器控制线为白色 0.75，型号为"Draht_WH_0, 75"（白色 0.75 号线）设定。

完成变频器及直流电源图连接线颜色和路径确定如图 2-11-10 所示。

四、继电器控制回路图连接线颜色和路径确定

打开继电器控制回路图，在本页图样中，根据相线 L 为红色 1.5，型号"Draht_RD_1, 5"（红色 1.5 号线）；零线 N 为蓝色 1.5，型号"Draht_BU_1, 5"（蓝色 1.5 号线）原则设定，其他控制线为黑色 1.5，型号"Draht_BK_1, 5"（黑色 1.5 号线）设定；可通过复制粘贴进行绘制，完成继电器控制回路图连接线颜色和路径确定如图 2-11-11 所示。

五、PLC 供电电路图连接线颜色和路径确定

打开 PLC 供电电路图，在本页图样中，根据 L+连接线为棕色 0.75，型号为"Draht_BN_0, 75"（棕色 0.75 号线）；M 连接线为蓝色 0.75，型号"Draht_BU_0, 75"（蓝色 0.75 号线）原则设定，完成 PLC 供电电路图连接线颜色和路径确定如图 2-11-12 所示。

六、PLC 数字量输入电路连接线颜色和路径确定

打开 PLC 数字量输入电路图，在本页图样中，均为 PLC 控制连接线，设定连接线颜色均为白色，线径为 0.75，型号为"Draht_WH_0, 75"（白色 0.75 号线）完成 PLC 数字量输入电路连接线颜色和路径确定如图 2-11-13 所示。

七、PLC 数字量输出电路连接线颜色和路径确定

打开 PLC 数字量输出电路图，在本页图样中，均为 PLC 控制连接线，连接线颜色均为白色，线径为 0.75，型号为"Draht_WH_0, 75"（白色 0.75 号线）完成 PLC 数字量输出电路连接线颜色和路径确定如图 2-11-14 所示。

八、HMI 电源电路连接线颜色和路径确定

打开 HMI 电源电路图，在本页图样中，端子以左的连接线是连接其他设备，均选用白色，线径为 0.75，型号为"Draht_WH_0, 75"（白色 0.75 号线），已在"PLC 数字量输入电路"和"PLC 数字量输出电路"中进行了设定，在此就不再设定。端子以右的 L+连接线为棕色 0.75，型号为"Draht_BN_0, 75"（棕色 0.75 号线）；M 连接线为蓝色 0.75，型号为"Draht_BU_0, 75"（蓝色 0.75 号线），完成 HMI 电源电路连接线颜色和路径确定如图 2-11-15所示。

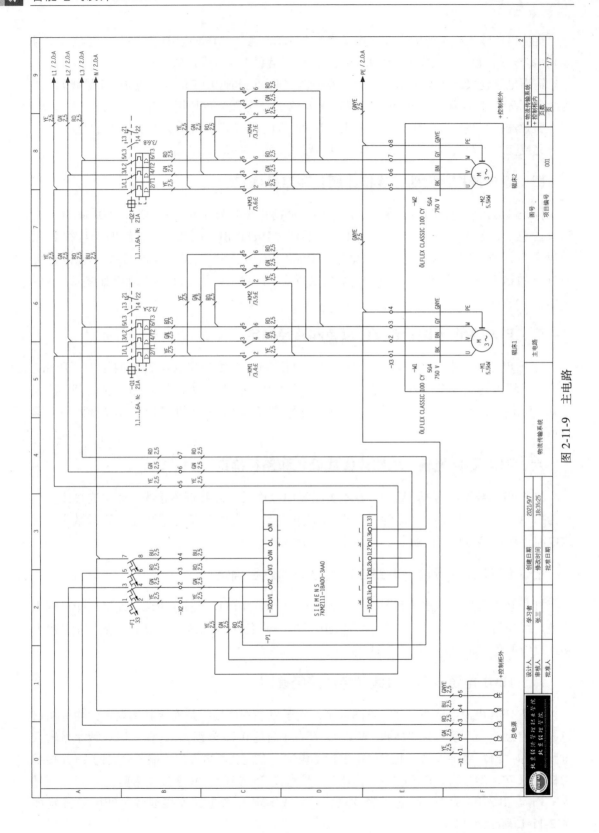

图 2-11-9 主电路

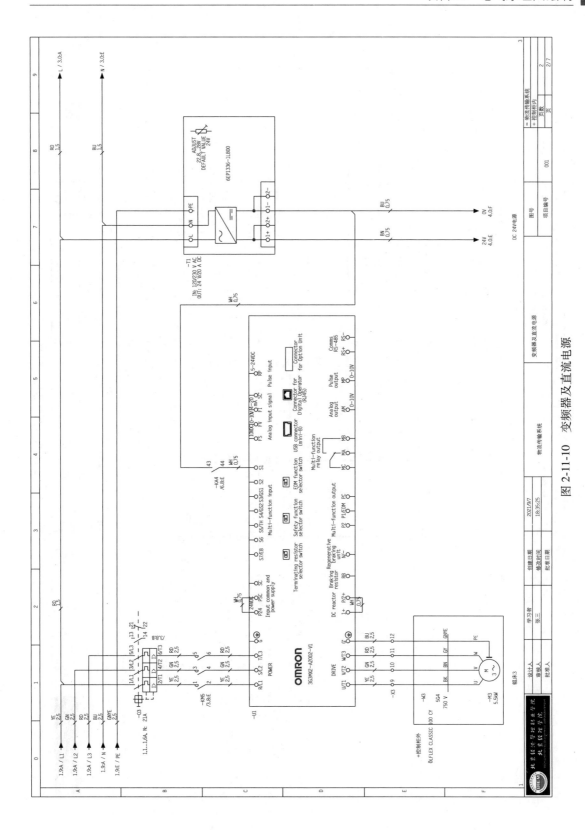

图 2-11-10 变频器及直流电源

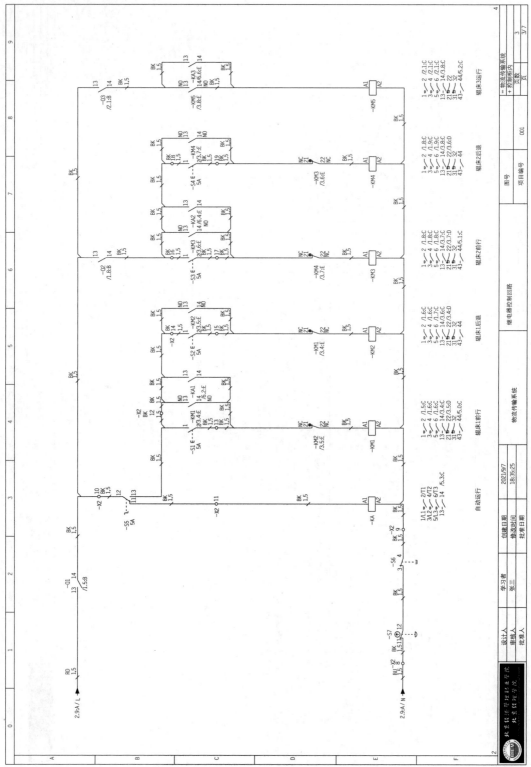

图 2-11-11 继电器控制回路

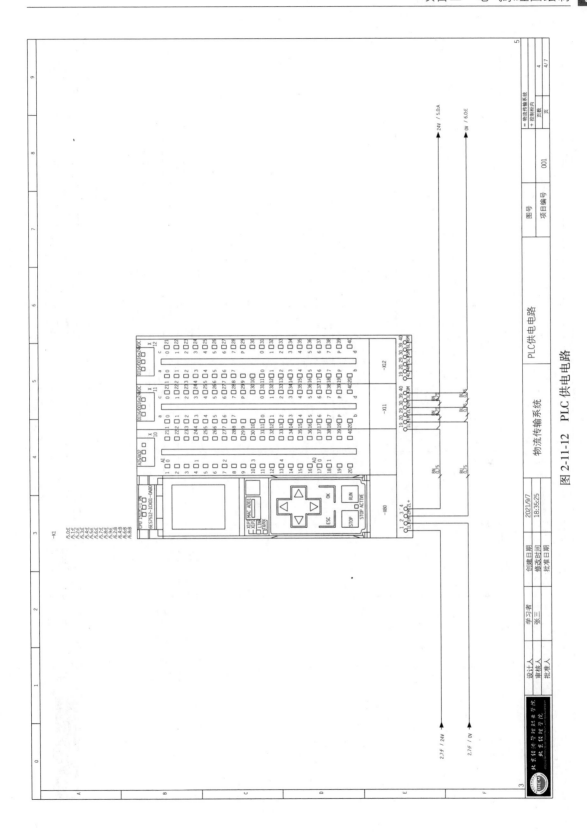

图 2-11-12　PLC 供电电路

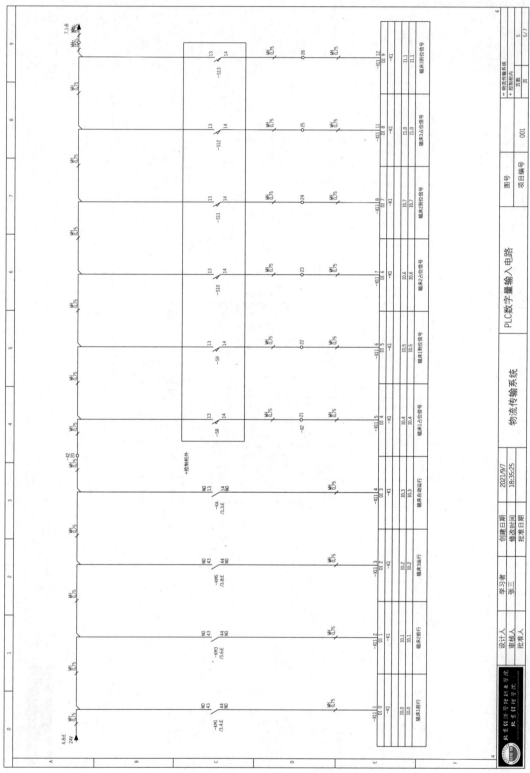

图 2-11-13 PLC 数字量输入电路

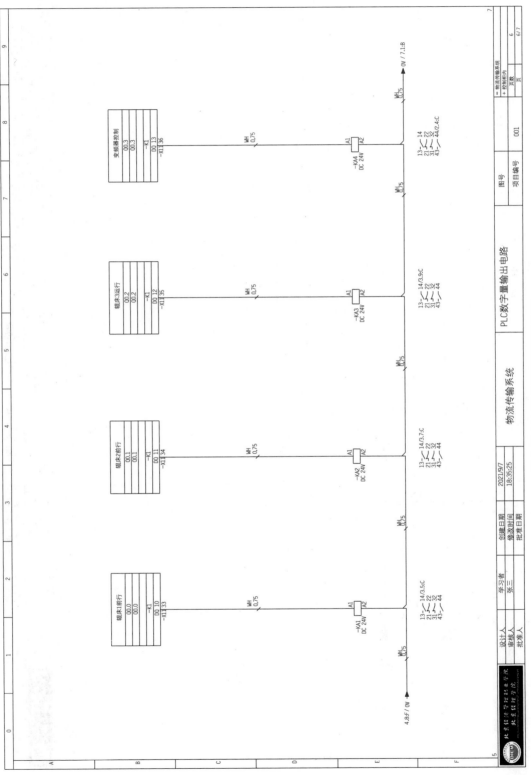

图 2-11-14 PLC 数字量输出电路

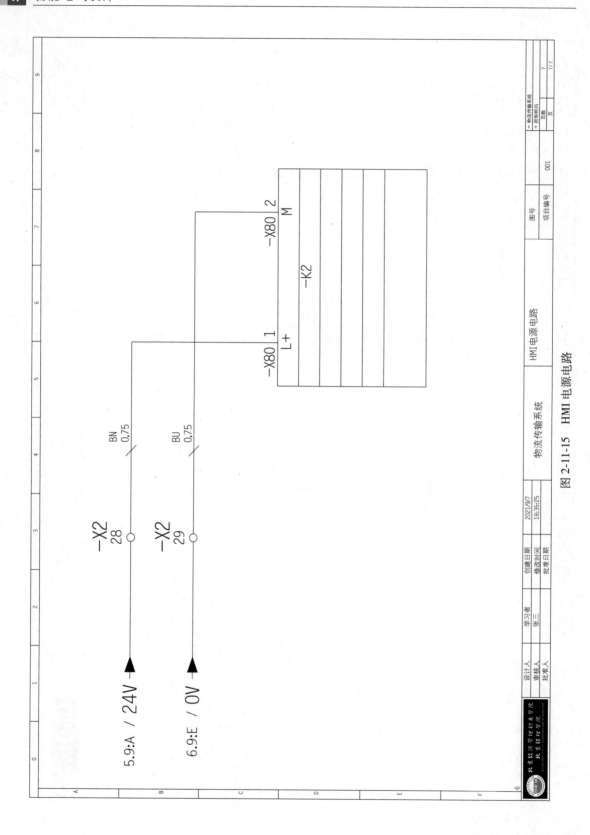

图 2-11-15　HMI 电源电路

174

九、连接检查

所有连接定义点插入完成后，需要检查是否有连接线遗漏。单击"项目数据"→"连接"→"导航器"，打开"连接"导航器，单击"筛选器"右侧拓展按钮，弹出"筛选器"窗口，单击"规则"栏拓展按钮，选中"连接：截面积/直径"，单击"确定"，勾选"激活"选项，如图 2-11-16 所示，单击"确定"。这时，在"连接"导航器中显示的就是没有设定导线截面积的连接导线。根据导航器提示，如图 2-11-17 所示，单击右键→转到图形，将相应的连接线进行颜色和线径定义，其中直流电源 T1 的 4 条连接线为内部连线，X1 为外部电源与端子 X1 的连线，不涉及接线工艺，本项目不需要进行连接线颜色和线径设定。到此，完成本任务技能操作。

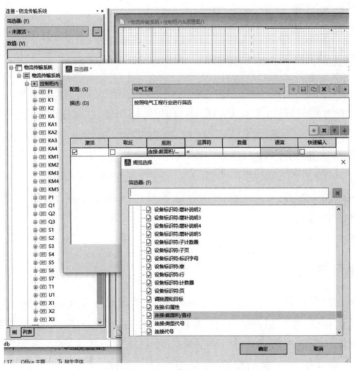

图 2-11-16　"筛选器"窗口

图 2-11-17　单击右键→转到图形

任务十二 导线编号和命名

【任务描述】

在前期的基础上，完成"物流传输系统"电气原理图导线的编号和命名。

具体要求：

1）编号基于连接进行，每个连接命名一次。

2）外部电源通过电缆连接到配电柜，该电缆不进行命名。

3）编号放置相互对齐。

4）编号命名为 3 位数字，所有原理图统一命名。

【术语解释】

当原理图设计完成后，用户可以逐个地手动更改这些编号，但是这样比较繁琐而且容易出现错误。EPLAN 为用户提供了强大的连接自动编号功能。首先要确定一种编号方案，即要确定线号字符集（数字/字母的组合方式）、线号的产生规则（是基于电位还是基于信号等）、线号的外观（位置/字体等）等。

每个公司对线号编号的要求都不尽相同，比较常见的编号有以下几种：

1）主回路用电位+数字，PLC 部分用 PLC 地址，其他用字母+计数器的方式。

2）用相邻的设备连接点代号。

3）页号+列号+计数器等。

一、连接编号设置

选择菜单栏中的"选项"→"设置"命令，弹出"设置"窗口，选择"项目"→"项目名称"→"连接"→"连接编号"选项，打开项目默认属性下的连线编号设置界面，单击"配置"栏后的"新建"按钮，新建一个 EPLAN 线号编号的配置文件，该配置文件包括筛选器配置、放置配置、命名配置、显示配置。

（一）"筛选器"选项卡

1）行业：勾选需要进行连接编号的行业。

2）功能定义：确定可用连接的功能定义。

（二）"放置"选项卡

1）符号（图形）：EPLAN 在自动放置线号时，在图样中自动放置的符号显示复制的连接符号所在符号库、编号/名称、变量、描述。

2）放置数：在图样中放置线号设置的规则，包括 4 个单选按钮，选择不同的单选按钮，连接放置效果不同。

① 在每个独立的部分连接上：在连接的每个独立部分连接上放置一个连接定义点。对于并联回路，每一根线叫一个连接。

② 每个连接一次：分别在连接图形的第一个独立部分连接上放置一个连接定义点。根

据图框的报表生成方向确定图形的第一部分连接。

③ 每页一次：每页一次在不换页的情况下等同于每个连接一次，涉及换页使用中断点时，选择每页一次，会在每页的中断点上都生成线号。

④ 在连接的开端和末尾：分别在连接的第一个和最后一个部分上放置连接定义点。

⑤ 使放置相互对齐：勾选该复选框，部分连接保持水平，部分连接之间的距离相同，部分连接拥有共用的坐标区域，放置的连接相互对齐。

（三）"名称"选项卡

显示编号规则，新建、编辑、删除一个命名规则，根据需要调整编号的优先顺序。单击"格式组"栏后的"新建"按钮，弹出"连接编号：格式"窗口，定义编号的连接组、连接组范围、显示可用格式元素和设置的格式预览。

在"连接组"中选择已预定义的连接组，包括 11 种，如图 2-12-1 所示。

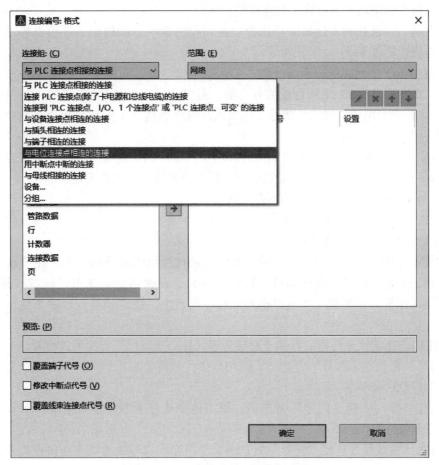

图 2-12-1 "连接编号：格式"窗口

1）常规连接（即全部任意连接）。

2）与 PLC 连接点相接的连接。

3）连接 PLC 连接点（除了卡电源和总线电缆）的连接；将卡电源和总线电缆视为特殊连接并和常规连接一起编号。

4）连接到"PLC 连接点、I/O、1 个连接点"或"PLC 连接点、可变"的连接；与功能组的 PLC 连接点"PLC 连接点、I/O、1 个连接点"或"PLC 连接点、可变"相连的连接。已取消的 PLC 连接点将不予考虑。仅当可设置的 PLC 连接点（功能定义点"PLC 连接点，多功能"）通过信号类型被定义为输入端或输出端时，才被予以考虑。

5）与设备连接点相连的连接。

6）与插头相连的连接。

7）与端子相连的连接。

8）与电位连接点相连的连接。

9）与中断点中断的连接。

10）与母线相接的连接。

11）设备：在选择列表窗口中可选择在项目中存在的设备标识符。输入设备标识符时通过全部连接到相应功能的连接定义连接组。

12）分组：在选择列表窗口中可选择已在组合属性中分配的值。连接组将通过全部已指定组合的值连接定义。

在"范围"下拉列表中选择编号范围，包括电位、信号、网路、单个连接和到执行器或传感器。在实现 EPLAN 线号自动编号之前，需要先了解 EPLAN 内部的一些逻辑传递关系，在 EPLAN 中，电位、网络、信号、连接以及传感器这几个因素直接关系到线号编号规则的作用范围。

1）电位：从电源到耗电设备之间的所有回路，电位的传递过变频器、变压器、整流器等整流设备时发生改变，电位可以通过电位连接点或者电位定义点来定义。

2）信号：非连接性元件之间的所有回路。

3）网络：元件之间的所有回路。

4）连接：每个物理性连接。

在"可用的格式元素"列表中显示可作为连接代号组成部分的元素。在"所选择的格式元素"列表中显示格式元素的名称、符号显示和已设置的值。单击"向右推移"按钮，将"可用格式元素"添加到"所选的格式元素"列表中。在"预览"选项下显示名称格式的预览。

信号中的非连接性元件指的是端子和插头等元件，所以代号需要另外设置。

1）勾选"覆盖端子代号"复选框，使用连接代号覆盖端子代号，不勾选该复选框，则端子代号保持原代号不变。

2）勾选"修改中断点代号"复选框，使用连接代号覆盖中断点名称，不勾选该复选框，则中断点保持原代号不变。

3）勾选"覆盖线束连接点代号"复选框，使用连接代号覆盖线束连接点代号，不勾选该复选框，则线束连接点保持原代号不变。

单击"所选的格式元素"栏后的"新建""编辑""删除"按钮，可进行命名规则的相关操作。

(四)"显示"选项卡

显示连接编号的水平、垂直间隔，字体格式，如图 2-12-2 所示。

在"角度"下拉列表中包含"与连接平行"选项，如果选择"与连接平行"，生成的线号的字体方向自动与连接方向平行，如图 2-12-3 所示。

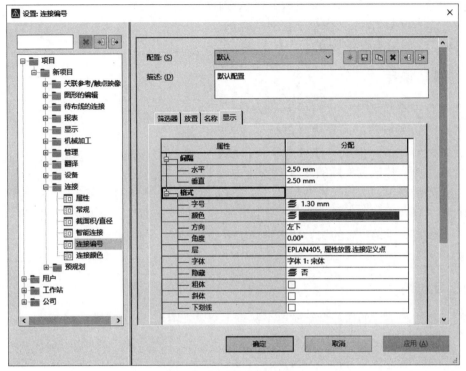

图 2-12-2 "显示"选项卡

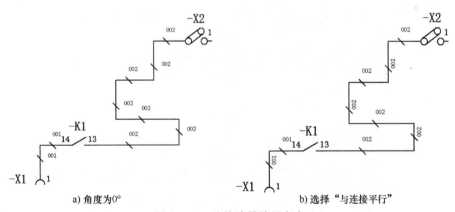

a) 角度为0°   b) 选择"与连接平行"

图 2-12-3 连接编号放置方向

二、放置连接编号

完成连接编号规则设置后，需要在原理图中放置线路编号，首先需要选中进行编号的部分电路或单个甚至多个原理图页，也可以是整个项目。

选择菜单栏中的"项目数据"→"连接"→"放置"命令，弹出"放置连接定义点"窗口，选择定义好的配置文件，若需要对整个项目进行编号，勾选"应用到整个项目"复选框。

单击"确定",在所选择区域根据配置文件设置的规则为线路添加连接定义点,"放置数"默认选择"每个连接一次",默认情况下,每个连接定义点的连接代号为"????",如图 2-12-4 所示。

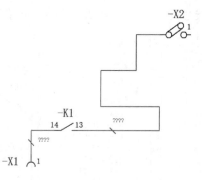

图 2-12-4　添加连接定义点

三、手动编号

如果项目中有一部分线号需要手动编号,那么在显示连接编号位置放置的问号代号进行修改。双击连接定义点的问号代号,弹出属性设置窗口,修改"连接代号"文本框,修改为实际的线号。

手动编号的作用范围与配置的编号方案有关。例如,如果编号是基于电位进行的,那么与手动放置编号的连接电位相同的所有连接均会被放置手动编号,也就是说相同编号只需手动编号一处即可。手动放置的编号处于自动编号的范围外,否则自动产生的编号会与手动编号重复。

四、自动编号

需要选中进行编号的部分电路或单个甚至多个原理图页,也可以是整个项目。选择菜单栏中的"项目数据"→"连接"→"编号"→"命名",弹出"对连接进行说明"窗口,如图 2-12-5 所示,根据配置好的编号方案执行自动编号。

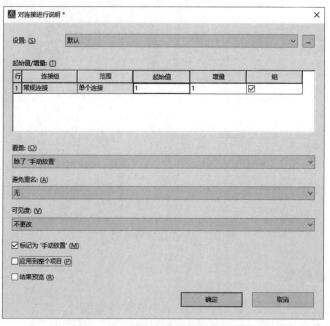

图 2-12-5　"对连接进行说明"窗口

"起始值/增量"表格中列出当前配置中的定义规则。在"覆盖"下拉列表确定进行编号的连接定义点范围,包括"全部""除了'手动放置'""无"。在"避免重名"下拉列表中设置是否允许重名。在"可见度"下拉列表中选择显示的连接类型,包括不更改、均可见、每页和范围一次。勾选"标记为'手动放置'"复选框，所有的连接被分配手动放置属性。勾选"应用到整个项目"复选框，编号范围为整个项目。勾选"结果预览"复选框，在编号执行前显示预览结果。

　　单击"确定"，完成设置，弹出"对连接进行说明：结果预览"窗口，如图 2-12-6 所示，对结果进行预览，对不符合的编号可进行修改。单击"确定"，按照预览结果对选择区域的连接定义点进行标号，可以发现原理图上的"????"用编号代替。

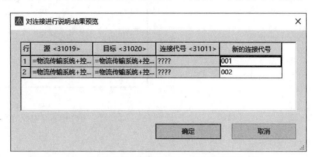

图 2-12-6　"对连接进行说明：结果预览"窗口

五、手动批量更改线号

　　通过设定编号规则，可以实现 EPLAN 的自动线号编号，在自动编号过程中，因为某些原因，不一定能够完全生成自己想要的线号，这时候需要进行手动修改，逐个地修改步骤又过于繁琐，可以通过 EPLAN 进行设置，手动批量修改。

　　选择菜单栏中的"选项"→"设置"命令，弹出"设置"窗口中选择"用户"→"图形的编辑"→"连接符号"，勾选"在整个范围内传输连接代号"复选框，单击"确定"，关闭窗口。在原理图中选择单个线号，双击弹出线号属性窗口，对该线号的"连接代号"进行修改，单击"确定"，弹出"传输连接代号"窗口，如图 2-12-7 所示。

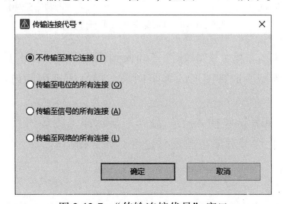

图 2-12-7　"传输连接代号"窗口

1）不传输至其他连接：只更改当前连接线号，如图 2-12-8a 所示。
2）传输至电位的所有连接：更改该电位范围内的所有连接，如图 2-12-8b 所示。
3）传输至信号的所有连接：更改该信号范围内的所有连接，如图 2-12-8c 所示。
4）传输至网络的所有连接：更改该网络范围内的所有连接，如图 2-12-8d 所示。

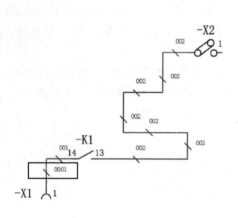

a) 不传输至其他连接

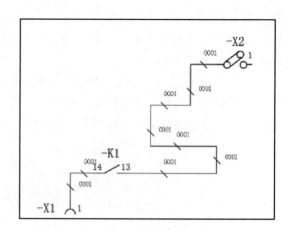

b) 传输至电位的所有连接

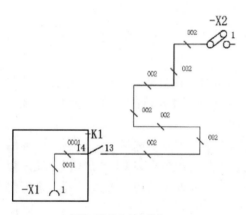

c) 传输至信号的所有连接

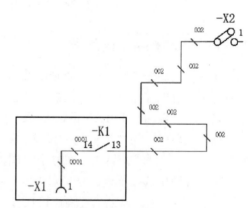

d) 传输至网络的所有连接

图 2-12-8　传输连接代号示意图

在 EPLAN 中，元件、连接、文本等符号插入到原理图时，鼠标单击确定的插入点位置，"插入点"是一个点，为减少原理图形的多余图形，提高原理图的可读性，默认情况下不显示"插入点"。

选择菜单栏中的"视图"→"插入点"命令，显示或关闭插入点，插入点为黑色实心小点。显示插入点可检测元件等对象在插入时是否对齐到栅格。

六、连接分线器

在 EPLAN 中，默认情况下，系统在导线的 T 形交叉点或十字交叉点处，无法自动连接，如果导线确实需要相互连接的，就需要用户自己手动插入连接分线器。

选择菜单栏中的"插入"→"连接分线器/线束分线器"命令，弹出子菜单，子菜单包含"连接分线器""连接分线器（十字接头）""线路连接器（角）""线路连接器"。

（一）插入连接分线器

选择菜单栏中的"插入"→"连接分线器/线束分线器"→"连接分线器"命令，此时光标变成交叉形状并附加一个连接分线器符号。

将光标移动到想要需要插入连接分线器的元件水平或垂直位置上，出现红色的连接符号表示电气连接成功。移动贯标，选择连接分线器插入点，在原理图中单击鼠标左键确定插入连接分线器。此时光标仍处于插入连接分线器的状态，重复上述操作可以继续插入其他的连接分线器。连接分线器插入完毕，按右键"取消操作"命令或"Esc"键即可退出该操作。

（二）确定连接分线器方向

在光标处于放置连接分线器的状态按"Tab"键，旋转连接分线器连接符号，变换连接分线器连接模式。

（三）设置连接分线器的属性

在插入连接分线器的过程中，用户可以对连接分线器的属性进行设置。双击连接分线器或在插入连接分线器后，弹出连接分线器属性设置窗口，在该窗口中可以对连接分线器的属性进行设置，在"显示设备标识符"中输入连接分线器的编号，连接分线器点名称可以是信号的名称，也可以自己定义。

七、线束连接

在多线原理图中，伺服控制器或变频器有可能会连接一个或多个插头，要表达它们的每一连接，图样会显得非常紧凑和凌乱。信号线束是一组具有相同性质的并行信号线的组合，通过线束线路连接可以大大地简化图样，使其看起来更加清晰。

线束连接点根据类型不同，包括5中类型：直线、角、T节点、十字接头、T节点分配器。其中，进入线束并退出线束的连接点一端显示为细状，线束和线束之间的连接点为粗状。

选择菜单栏中的"插入"→"线束连接点"命令，弹出子菜单，子菜单包含"直线""角""T节点""十字接头""T节点分配器"。

（一）直线

1. 选择菜单栏中"插入"→"线束连接点"→"直线"命令，此时光标变成十字形状，光标上显示浮动的线束连接点直线符号。

2. 将光标移动到想要放置线束连接点直线的元件的水平或垂直上，在光标处于放置线束连接点直线的状态时按"Tab"键，旋转线束连接点直线符号，变换线束连接点直线模式。移动光标，出现红色的符号，表示电气连接成功。单击插入线束连接点直线后，此时光标仍处于插入线束连接点直线的状态，重复上述操作可以继续插入其他的线束连接点直线。

3. 设置信号线束的属性。在插入信号线束的过程中，用户可以对信号线束的属性进行设置。双击线束连接点直线或在插入线束连接点直线后，弹出线束连接点属性设置窗口，在该窗口中可以对信号线束的属性进行设置，在"线束连接点代号"中输入线束的编号。

（二）角

1. 选择菜单栏中"插入"→"线束连接点"→"角"命令，此时光标变成十字形状，光标上显示浮动的线束连接点角符号。

2. 将光标移动到想要放置线束连接点角的元件的水平或垂直方向上，在光标处于放置线束连接点直线的状态时按"Tab"键，旋转线束连接点角符号，变换线束连接点角模式。移动光标，出现红色的符号，表示电气连接成功。单击插入线束连接点角后，此时光标仍处于插入线束连接点角的状态，重复上述操作可以继续插入其他的线束连接点角。

3. 设置信号线束的属性。在插入信号线束的过程中，用户可以对信号线束的属性进行设置。双击线束连接点角或在插入线束连接点角后，弹出线束连接点属性设置窗口，在该窗口中可以对信号线束的属性进行设置，在"线束连接点代号"中输入线束的编号。

同样的方法插入线束连接 T 节点、线束连接十字接头、线束连接 T 节点分配器。线束连接点的作用类似总线，它把许多连接汇总起来用一个中断点送出去，所以线束连接点往往与中断点配合使用。

【技能操作】

一、设置编号

单击"选项"→"设置"，弹出"设置"窗口，在左侧窗口选中"项目"→"物流传输系统"→"连接"→"连接编号"。

在右侧窗口中，单击配置栏中下拉菜单，选中"基于连接"。

选中"放置"选项卡，单击"编号/名称"栏右侧的拓展按钮，弹出"符号选择"，选中"CDP"，单击"确定"。

选中"每个连接一次"，勾选"使放置相互对齐"，如图 2-12-9 所示。

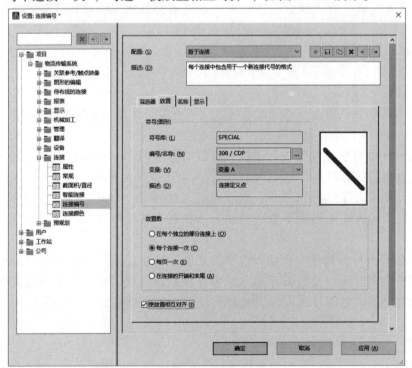

图 2-12-9 "设置连接编号"窗口

选中"名称"选项卡，双击"常规连接"；双击"计数器"，弹出"格式计数器"，将最小位数设定为"3"，单击"确定"，再单击"确定"，如图 2-12-10 所示，再单击"确定"，完成设置。

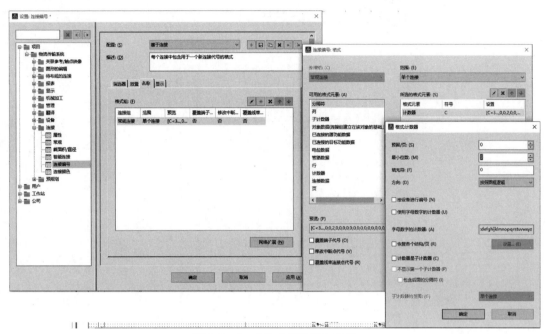

图 2-12-10　"格式计数器"设置

二、导线编号放置和命名

步骤一：在页导航器中选中"物流传输系统"，单击"项目数据"→"连接"→"编号"→"放置"，弹出"放置连接定义点"窗口，勾选"应用到整个项目"，如图 2-12-11 所示，单击"确定"；打开主电路，在主电路图样中，将电位连接点与 X1 端子的电位定义点"????"（见图 2-12-12）删除，这是因该位置的连线，通常使用电缆，在此不对该连线进行编号和命名。

步骤二：在页导航器中选中"物流传输系统"，单击"项目数据"→"连接"→"编号"→"命名"，弹出"对连接进行说明"窗口，勾选"应用到整个项目"，取消"结果预览"前"√"，如图 2-12-13 所示，单击"确定"，完成操作。可以看到，"物流传输系统"电气原理图中所有的连接导线都完成编号放置和命名，如图 2-12-14～图 2-12-20（见插页）。

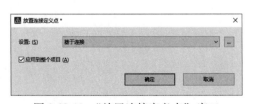

图 2-12-11　"放置连接定义点"窗口

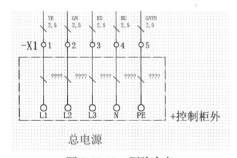

图 2-12-12　删除命名

图 2-12-13 "对连接进行说明"窗口

项目三 3D布局设计

任务一 创建线槽和导轨

【任务描述】

如图3-1-1所示，在项目二的基础上，完成"物流传输系统"系统所用箱柜、线槽、导轨布局。

图3-1-1 箱柜、线槽、导轨布局

具体要求：

1）创建一个布局空间，并命名为"配电柜"。

2）在EPLAN Electric P8软件中添加"3D视角""Pro Panel""Pro Panel布线"工具栏。

3）在布局空间中，完成箱柜、线槽、导轨的布局。

【术语解释】

一、布局空间

（一）布局空间

EPLAN电气原理图空间是基于2D空间模式，但箱柜安装板空间是以3D为基础的空间模式。EPLAN Pro Panel的3D工作环境就是一个布局空间，相对于2D空间，布局空间为三维立体空间模式，具有三维坐标参考系。

（二）3D 视角

在 3D 空间环境中，需要切换不同视角来进行装
配布局观察，EPLAN Pro Panel 提供了如图 3-1-2 所示
的 3D 视角工具栏，用于快速切换视角。"3D 视角"
工具栏上的按钮功能见表 3-1-1。

图 3-1-2　"3D 视角"工具栏

表 3-1-1　"3D 视角"工具栏

按钮图标	功能解释	按钮图标	功能解释
	3D 视角，上（上视图）		西南等轴视图（西/南视角）
	3D 视角，下（下视图）		东南等轴视图（东/南视角）
	3D 视角，左（左视图）		东北等轴视图（东/北视角）
	3D 视角，右（右视图）		西北等轴视图（西/北视角）
	3D 视角，前（前视图）		旋转视角（自由旋转视图）
	3D 视角，后（后视图）		

（三）创建布局空间

单击菜单栏中"布局空间"→"新建"，在弹出的布局空间属性窗口中，如图 3-1-3 所示，
输入布局空间的名称、描述、结构标识符等信息，也可以添加备注信息，单击"确定"，完
成布局空间的创建。

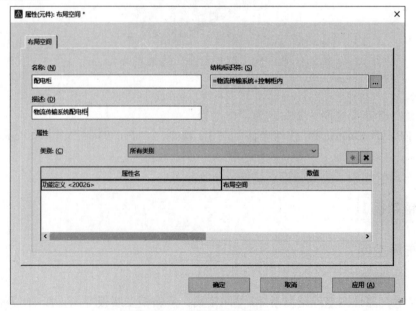

图 3-1-3　布局空间属性窗口

二、放置箱柜

电气工程中，电气元件基本上都是布置在电控箱及电控柜中，在电气元件布置空间前，需要插入电控箱或电控柜。

（一）命令菜单

1. 插入箱柜

单击菜单栏"插入"→"箱柜"。

操作工具条：

2. 旋转箱柜

单击菜单栏"选项"→"更改旋转角度"。

操作工具条：

3. 激活安装面

布局空间导航器，选取对应安装面，单击右键选择"直接激活"命令。

（二）插入箱柜

单击菜单栏"插入"→"箱柜"，弹出"部件选择"窗口，选择部件"RIT. 1016600"，单击"确定"，鼠标光标上会显示所选箱柜的 3D 模型，如图 3-1-4 所示，选取期望放置的位置，单击鼠标左键确认放置完成。

（三）旋转箱柜

未完成放置的箱柜，通过单击工具条上"更改选装角度"或按下"Ctrl+Shift+R"键，可进行箱柜的旋转，箱柜以插入点为基准点，按逆时针方向旋转，每单击一次按钮旋转 90°，旋转到所需要的角度和放置位置，单击鼠标左键进行确定，完成旋转和放置，如图 3-1-5 所示。

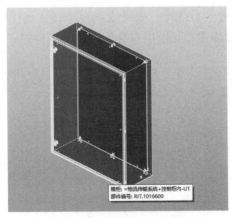

图 3-1-4　箱柜插入图示

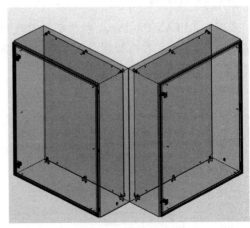

图 3-1-5　箱柜的放置

（四）激活安装面

箱柜插入到布局空间中后，需要激活对应的安装面才能进行线槽，导轨和电气元器件的放置。

激活安装面的操作步骤如下：

1）单击菜单栏中"布局空间"→"导航器"，选择需要激活的安装面。

2）单击鼠标右键，选择"直接激活"。

安装面激活后，绘图工作区由 3D 箱柜视图直接切入安装面正视图状态，并开启栅格显示模式，安装面以"绿色"背景显示。在布局导航器中，激活的安装面以"粉色"状态显示，其他箱柜件以隐藏状态（橘色小圆点）显示，如图 3-1-6 所示。

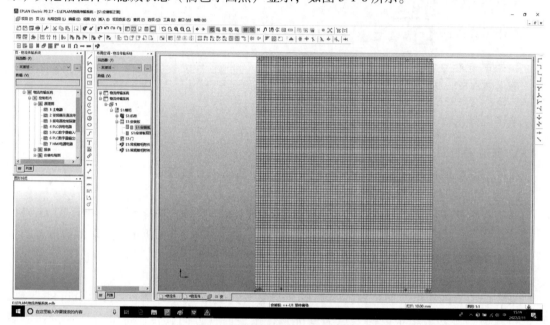

图 3-1-6　安装板激活显示状态

三、放置线槽

线槽在 EPLAN Pro Panel 中和安装导轨都属于机械类部件，同时线槽也自动隶属于 Pro Panel 的布线路由。在布线状态下，可分析布线的槽满率，帮助用户分析布线是否合理。

（一）命令菜单

1. 插入线槽

单击菜单栏"插入"→"线槽"

操作工具条：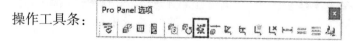

2. 切换基准点

单击菜单栏"选项"→"切换基准点"

操作工具条：

3. 放置选项

单击菜单栏"选项"→"放置选项"

操作工具条：

4. 修改长度

单击菜单栏"编辑"→"图形"→"修改长度"

操作工具条：

（二）插入线槽

在安装板激活状态，单击菜单栏"插入"→"线槽"，弹出"部件选择"窗口，选择部件"RIT. 8800750"，单击"确定"。

（三）放置线槽

确定线槽部件选择后，进入线槽放置状态，线槽随光标进行移动，单击鼠标左键选择放置起始点，即可放置。

放置过程中，通过单击菜单栏中的"选项"→"切换基准点"或者单击工具条上对应按钮可切换放置的基准点。建议使用快捷键"A"，操作容易便捷。

切换基准点到线槽的左上角，单击工具条中的"放置选项"，弹出"放置选项窗口"，设置 Y 偏移量为"-50mm"，如图 3-1-7 所示，单击"确定"后，线槽的基准点就向上偏移 50mm，如图 3-1-8 所示。

放置选项 *		×
部件放置		
旋转角度: (A)	0.00°	
基准点: (H)	左上	☐ 涉及安装间隙 (W)
X 偏移量: (O)	0.00 mm	☐ 涉及原始位置 (I)
Y 偏移量: (F)	-50mm	☐ 扩展的基准点逻辑 (E)
Z 偏移量: (S)	0.00 mm	☑ 归入箱柜层结构 (G)
多次放置		
数量: (N)	1	
间距: (D)	0.00 mm	
间距参考: (T)	间隙距离	
放置模式: (P)	从左到右	
确定	取消	

图 3-1-7　放置选项设置

四、放置导轨

导轨属于机械类部件，使用导轨是工业电气元器件的一种安装方式，电气元器件可方便

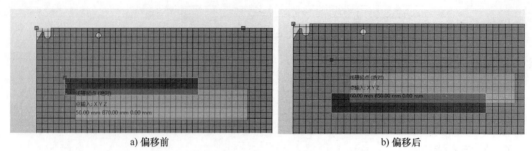

a) 偏移前　　　　　　　　　　　　　　b) 偏移后

图 3-1-8　基准点偏移

地卡在导轨上而无需用螺钉固定，方便维护。

（一）命令菜单

单击菜单栏"插入"→"安装导轨"。

操作工具条：

（二）导轨放置

1. 基于基准点放置导轨

单击菜单栏中"插入"→"安装导轨"，弹出"部件选择"窗口，选择"RIT. 2313150"，单击"确定"。安装导轨系附于鼠标上，通过按"A"键选择导轨的基准插入点，选择导轨的左侧中心点，当鼠标接近线槽-U4时，线槽也会显示它的中心基准点，将导轨的基准点和线槽的中心基准点对齐，单击鼠标左键放置导轨起点，如图3-1-9所示。

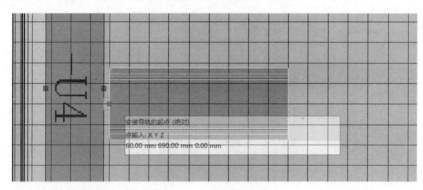

图 3-1-9　导轨起点放置

向右移动导轨，使导轨的右侧基准点和右侧线槽的左侧中心基准点对齐，单击鼠标左键完成导轨终点放置。由此完成整个导轨的放置。

2. 通过"放置选项"放置导轨

这个放置方法与插入线槽类似。

3. 通过线槽居中放置导轨

单击菜单栏中"插入"→"安装导轨"，弹出"部件选择"窗口，选择"RIT. 2313150"，单击"确定"。安装导轨系附于鼠标上，单击鼠标右键选择"导入长度"，单击上侧线槽-U2，读取线槽-U2长度；再单击鼠标右键选择"放置在中间"，单击下侧线槽-U5，安装导轨被放置在两个线槽-U2和-U5之间，如图3-1-10所示。

（三）自由放置导轨

选择工具栏上的"显示栅格"按钮，在图形编辑器上显示栅格，如图 3-1-11 所示。

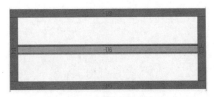

图 3-1-10　导轨的居中放置　　　　　　图 3-1-11　"栅格"工具栏

根据导轨的位置插入导轨，通过数栅格（1 栅格 = 10mm）的数量确定起点的位置，然后单击鼠标左键确定起点位置，移动鼠标拉伸导轨长度，达到预定的长度时，单击鼠标左键确定导轨的终点。

（四）编辑导轨

双击导轨，弹出"属性"窗口，在该窗口可修改"显示设备标识符"，单击"确定"，安装板上显示编辑修改后的导轨设备标识符。

【技能操作】

一、新建布局空间

单击"布局空间"→"导航器"，打开"布局空间"导航器，在该导航器中，单击右键→"新建"，弹出"属性"窗口，修改名称为"配电柜"，单击"结构标识符"栏右侧的拓展按钮，弹出"布局空间的结构标识符"窗口，修改高层代号为"物流传输系统"，位置代号为"控制柜内"，单击"确定"，如图 3-1-12 所示，单击"确定"，再单击"确定"，完成布局空间新建，如图 3-1-13 所示。

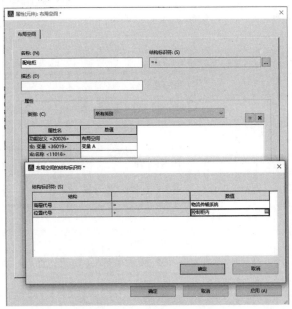

图 3-1-12　"布局空间"窗口

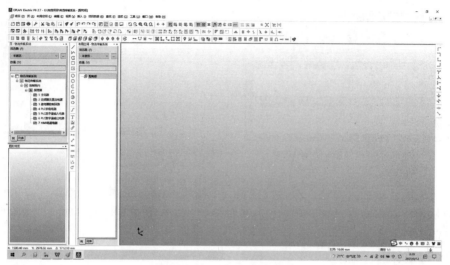

图 3-1-13　布局空间新建

二、添加 3D 操作工具栏

在工具栏右侧空闲处，单击鼠标右键，弹出相应菜单，如图 3-1-14 所示，勾选 "3D 视角" "Pro Panel" "Pro Panel 布线"，实现 3D 操作工具栏添加，如图 3-1-15 所示，按住鼠标左键，拖动鼠标，调整 3D 操作工具栏位置调整。

图 3-1-14　勾选 "3D 视角"

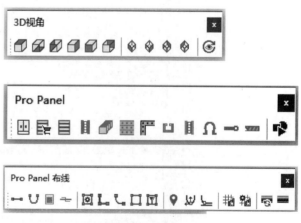

图 3-1-15　3D 操作工具栏

三、插入箱柜

单击 3D 操作工具栏中"箱柜"按钮,弹出"部件选择",选中"箱柜"中的"RIT. 1016600",如图 3-1-16 所示,单击"确定",单击鼠标左键,插入箱柜,如图 3-1-17所示。

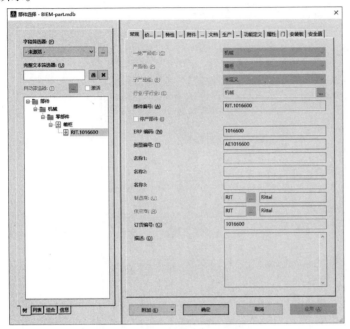

图 3-1-16 "部件选择"窗口

图 3-1-17 插入箱柜

四、创建线槽

在"布局空间"导航器中,选中"配电柜"→"箱柜"→"安装板"→双击"安装板正面",打开"安装板正面",如图 3-1-18 所示。

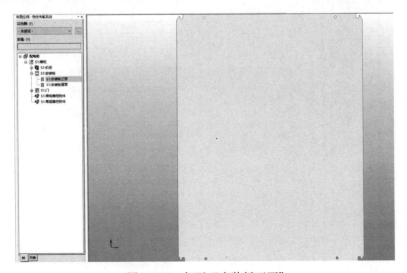

图 3-1-18 打开"安装板正面"

再单击"线槽"按钮，弹出"部件选择"窗口，选中"电缆槽"中的"RIT. 8800750"，如图 3-1-19 所示，单击"确定"，在"安装板正面"中单击鼠标，再次单击鼠标，插入第一条线槽。

再按下键盘"A"，如图 3-1-20 所示，切换线槽的不同插入点，单击鼠标，再单击鼠标，插入第二条线槽。

同样的方法，完成安装板线槽的插入，如图 3-1-21 所示。

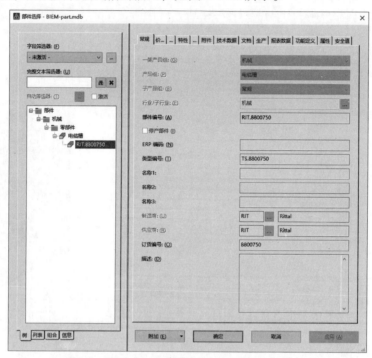

图 3-1-19　选中"电缆槽"中的"RIT. 8800750"

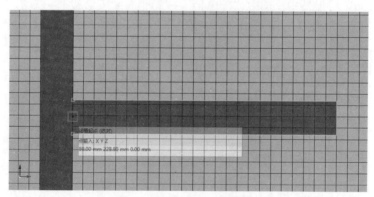

图 3-1-20　插入第二条线槽

五、插入导轨

单击"导轨"按钮，弹出"部件选择"窗口，选中"机柜附件"中的"RIT. 2313150"，如图 3-1-22 所示，单击"确定"，在"安装板正面"合适的位置单击鼠标，插入第一条导轨，同样的方法，插入其他 35mm 标准导轨，如图 3-1-23 所示。

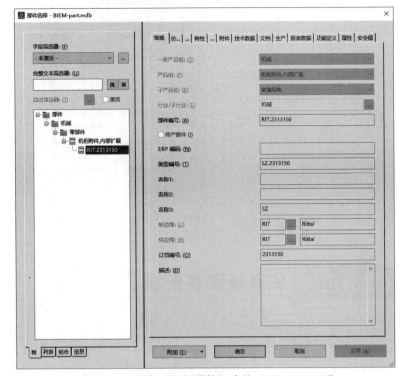

图 3-1-21 完成板线槽的插入

图 3-1-22 选中"机柜附件"中的"RIT. 2313150"

再单击"插入"→"设备"，弹出"部件选择"窗口，选中"PLC"中的"6ES7590-1AB60-0AA0"，如图 3-1-24 所示，单击"确定"，在"安装板正面"中合适的位置单击鼠标，插入 PLC 专用导轨，如图 3-1-25 所示。完成本任务操作。

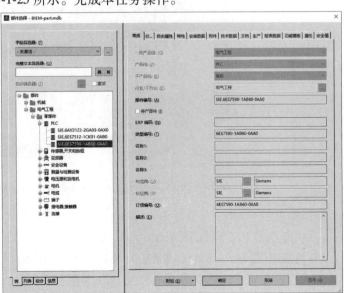

图 3-1-23 全部导轨插入完成

图 3-1-24 选中"PLC"中的"6ES7590-1AB60-0AA0"

图 3-1-25 插入 PLC 专用导轨

任务二 安装板设备安装

📄 【任务描述】

如图 3-2-1 所示，在本项目任务一的基础上，完成"物流传输系统"系统控制柜内设备安装。

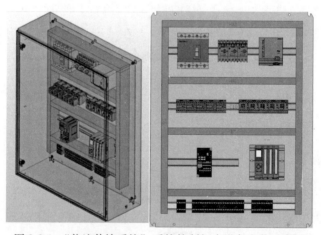

图 3-2-1 "物流传输系统"系统控制柜内设备安装示意图

具体要求：

1）将断路器 F1，电源开关 Q1、Q2、Q3，直流电源 T1 放置在第一行导轨。

2）将交流接触器 KM1、KM2、KM3、KM4、KM5，继电器 KA、KA1、KA2、KA3、KA4 依次放置在第二行导轨。

3）将变频器 U1 放置在第三行导轨、PLC K1 放置在 PLC 专用导轨上。

4）将连接端子 X1、X2、X3 放置在第四行导轨上。

【术语解释】

在 EPLAN Electric P8 电气原理图上经过选型的"组件"被称之为设备。这里的设备泛指电气工程中的元器件（断路器、开关、按钮、指示灯、继电器/接触器、变频器、PLC 等）。在"3D 安装布局导航器"中，通过"拖拉式"设计将设备放置在 3D 空间的安装板上完成设备的放置。

一、显示设备

单击菜单栏"项目数据"→"设备/部件"→"3D 安装布局导航器"，打开 3D 安装布局导航器，导航器中显示了所有选型的设备，可以进行树结构和列表结构显示设备。

二、查找设备

在"3D 安装布局导航器"中，展开高层代号、位置代号，可以看到相应设备，如图 3-2-2所示。

三、放置设备

在布局空间导航器中，展开空间内选项，选中"S1：安装板正面"，单击右键选中"直接激活"，安装板被激活，如图 3-2-3 所示。

图 3-2-2　3D 安装布局中的设备

图 3-2-3　选中"S1：安装板正面"

在"3D 安装布局导航器"中，选中要放置的设备，单击右键选择"放置"命令，此时设备系附于鼠标上，选中合适的位置，单击鼠标左键，设备被放置在安装导轨上。

【技能操作】

一、安装设备

单击"项目数据"→"设备/部件"→"3D 安装布局导航器",打开"3D 安装布局"导航器,在该导航器中,选中"物流传输系统"→"控制柜内"→"F",单击右键,单击"放置",如图 3-2-4 所示,在安装板的导轨上单击鼠标,将断路器 F1 安装在导轨上。

同样的方法,在导轨上安装电源开关"Q"、直流电源"T"、交流接触器"KM"、继电器"KA"、变频器"U1",PLC"K1",PLC 插入时,可通过按下键盘字母 A,来切换设备的不同插入点,选中合适的插入点,如图 3-2-5 所示,在专用导轨上合适的位置,单击鼠标,插入 PLC。

第一行导轨上放置有断路器"F1"、电源开关"Q"、直流电源"T",如图 3-2-6 所示。

第二行导轨上放置有交流接触器"KM"、继电器"KA"如图 3-2-7 所示。

第三行导轨上放置有变频器"U1",专用导轨上放置有 PLC"K1",如图 3-2-8 所示。

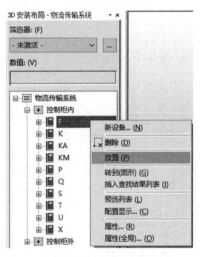

图 3-2-4　选中"F"

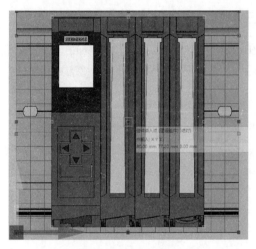

图 3-2-5　插入 PLC

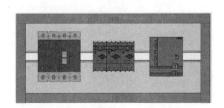

图 3-2-6　放置"F1""Q""T"

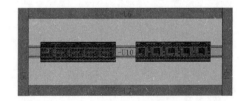

图 3-2-7　放置"KM""KA"

二、安装端子

在"3D 安装布局"导航器中,选中端子"X",单击右键→"放置",弹出"放置多个端子排的部件",单击"是",在安装板的导轨上,依次单击鼠标,放置端子 X1、X2、X3,如图 3-2-9 所示。完成本任务操作。

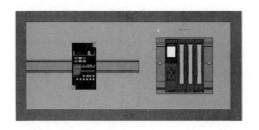

图 3-2-8　放置"U1""K1"

图 3-2-9　放置端子"X1""X2""X3"

任务三　安装板 3D 布线

【任务描述】

如图 3-3-1 所示，在任务二的基础上，完成"物流传输系统"系统控制柜内安装板上设备 3D 布线。

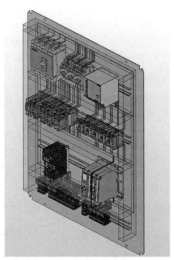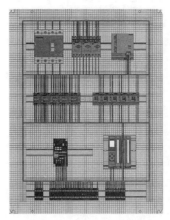

图 3-3-1　"物流传输系统"系统控制柜内安装板上设备 3D 布线示意图

具体要求：

1）完成安装板上设备的 3D 布线。

2）布线不能有飞线。

3）布线应该遵循设备端子的方向，不可越过设备进行布线。

【术语解释】

当安装板的设备安装完成后，可以初步在安装板上完成相应设备的自动布线。自动布线时，一般根据布线网络规划来自动布线，导线会根据元件的位置以及线槽件（在电气工程中，物理上的线槽件就是一个布线路径）自动执行布线，计算导线长度等信息。在 EPLAN

中，要实现布线，还需要定义布线连接，即连接的形式以及连接的规格。

一、连接导航器

单击菜单栏中"项目数据"→"连接"→"导航器"，进入连接导航器。在导航器中，可以进行布线、查看、跳转等操作。

二、连接定义

在导航器中，选中一条导线，单击鼠标右键选择"转到（图形）"命令，跳转到原理接线图中，进行连接查看，如图 3-3-2 所示。

在连接导航器中，也可以直接对连接进行属性的定义，选择"属性"命令，进入"属性"窗口。在该窗口中，选择"部件"选项卡，选择下侧的"设备选择"按钮，可选择导线的部件，部件中的功能模板信息及部件属性信息会自动写入到连接属性信息中，如图 3-3-2 所示，原理图中会自动填写连接定义点，显示线色和截面积信息。

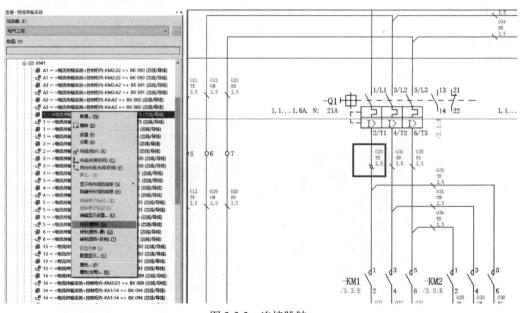

图 3-3-2　连接跳转

三、布线

元件、布线路径、连接都已经定义完成后，可以对该导线进行 3D 布线了。在连接导航器中，单击右键选择"布线（布局空间）"。执行"布线（布局空间）"命令后，会自动在所选连接的下方产生一个"3D 安装布局"的布线连接，如图 3-3-3 所示。

四、3D 布线检视

选中其中"=物流传输系统+控制柜内-Q1：2/T1 = +YE 025（芯线/导线）"，单击鼠标右键选择"转到图形"命令，可查看布线效果，例如布线路径和布线方向，如图 3-3-4 所示。

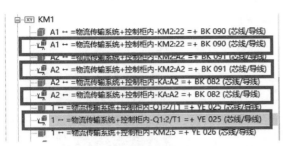

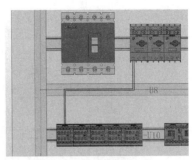

图 3-3-3 3D 布线连接   图 3-3-4 3D 布线检视

五、连接属性检视

可选中相关布线连接，单击鼠标右键选择"属性"命令，查看该连接的布线信息。例如，长度、走线路径、源和目标的出现方向，如图 3-3-5 所示。

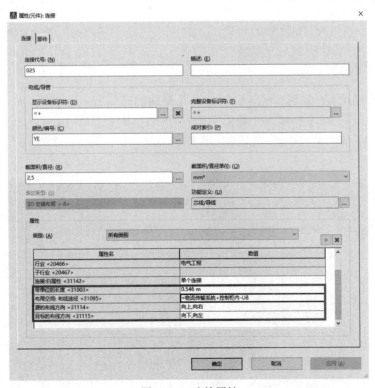

图 3-3-5 连接属性

【技能操作】

一、3D 初次布线

在"布局空间"导航器中，选中"安装板正面"，单击"布线（布局空间）"按钮，开始进行布线，布线完成后，如图 3-3-6 所示，可通过单击工具栏中"旋转视角"，拖动鼠标，可查看配盘的各个角度，如图 3-3-7 所示。注意观察是否有不合适的接线。如果存在不合适的飞线或者是布线方向不对，需要进行布线修正。

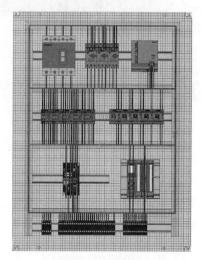

图 3-3-6　布线完成

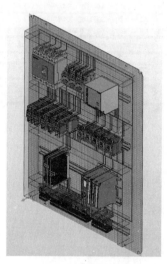

图 3-3-7　旋转视角

二、布线修正

步骤一：通过观察，发现变频器和 PLC 有几根线的布线方向有问题，故，在窗口中，选中有问题的线，如图 3-3-8 所示，变频器上线有 "-U1：R/L1" "-U1：T/L3" "-U1：U/T1" "-U1：S1" "-U1：W/T3"，PLC 上的线有 "-K1：-X80：1" "-K1：-X80：3"，分别对这几根线做好记录。

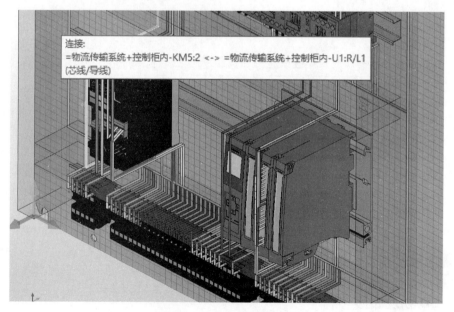

图 3-3-8　选中有问题的线

步骤二：选中 PLC "K1"，单击右键→"属性"，如图 3-3-9 所示，弹出"属性"窗口，选中"连接点排列样式"选项卡，勾选"本地连接点排列样式"，根据记录，修改"-X80：1"的布线方向为"向下"、"-X80：3"的布线方向为"向下"，如图 3-3-10 所示，单击"确定"。

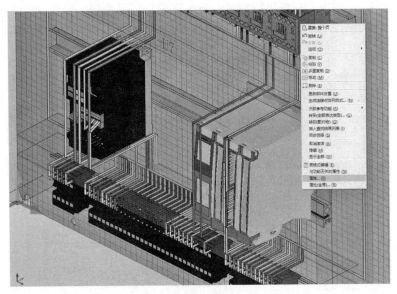

图 3-3-9 弹出"属性"窗口

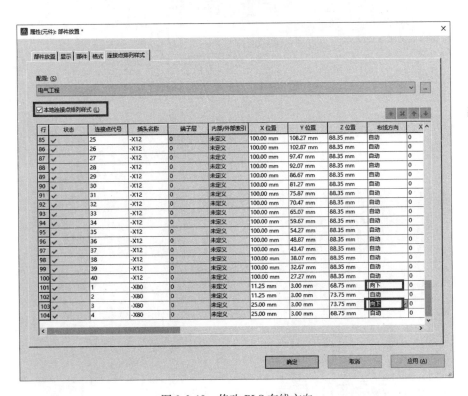

图 3-3-10 修改 PLC 布线方向

步骤三：在"布局空间"导航器中，双击"安装板正面"，选中变频器"U1"，单击右键→"属性"，弹出"属性"窗口，根据记录，修改"R/L1"布线方向为向下、"T/L3"布线方向向下、"U/T1"布线方向向下、"W/T3"布线方向向下、"S1"布线方向为"向下",如图 3-3-11 所示,单击"确定";再次在"布局空间"导航器中,选中"安装板正面",单击"布线(布局空间)"按钮,重新进行布线。布线完成后,可看到,相应的布线方向已经完成修正,如图 3-3-12 所示,单击"3D 视角"工具栏上的"东南等轴"按钮,如图 3-3-13 所示。

到此,本任务操作完成。

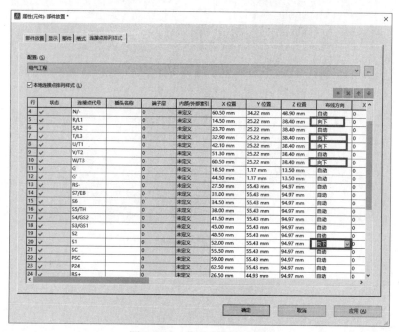

行	状态	连接点代号	插头名称	端子层	内部/外部索引	X 位置	Y 位置	Z 位置	布线方向	X
4	✓	N/		0	未定义	60.50 mm	34.22 mm	48.90 mm	自动	0
5	✓	R/L1		0	未定义	14.50 mm	25.22 mm	38.40 mm	向下	0
6	✓	S/L2		0	未定义	23.70 mm	25.22 mm	38.40 mm	自动	0
7	✓	T/L3		0	未定义	32.90 mm	25.22 mm	38.40 mm	向下	0
8	✓	U/T1		0	未定义	42.10 mm	25.22 mm	38.40 mm	向下	0
9	✓	V/T2		0	未定义	51.30 mm	25.22 mm	38.40 mm	自动	0
10	✓	W/T3		0	未定义	60.50 mm	25.22 mm	38.40 mm	向下	0
11	✓	G		0	未定义	18.50 mm	1.17 mm	13.50 mm	自动	0
12	✓	G'		0	未定义	44.50 mm	1.17 mm	13.50 mm	自动	0
13	✓	RS-		0	未定义	27.50 mm	55.43 mm	94.97 mm	自动	0
14	✓	S7/EB		0	未定义	31.00 mm	55.43 mm	94.97 mm	自动	0
15	✓	S6		0	未定义	34.50 mm	55.43 mm	94.97 mm	自动	0
16	✓	S5/TH		0	未定义	38.00 mm	55.43 mm	94.97 mm	自动	0
17	✓	S4/GS2		0	未定义	41.50 mm	55.43 mm	94.97 mm	自动	0
18	✓	S3/GS1		0	未定义	45.00 mm	55.43 mm	94.97 mm	自动	0
19	✓	S2		0	未定义	48.50 mm	55.43 mm	94.97 mm	自动	0
20	✓	S1		0	未定义	52.00 mm	55.43 mm	94.97 mm	向下	0
21	✓	SC		0	未定义	55.50 mm	55.43 mm	94.97 mm	自动	0
22	✓	PSC		0	未定义	59.00 mm	55.43 mm	94.97 mm	自动	0
23	✓	P24		0	未定义	62.50 mm	55.43 mm	94.97 mm	自动	0
24	✓	RS+		0	未定义	26.50 mm	44.93 mm	94.97 mm	自动	0

图 3-3-11　修改变频器步线

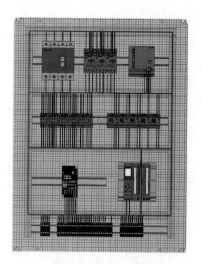

图 3-3-12　修改完成

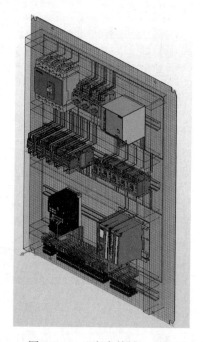

图 3-3-13　"东南等轴"视角

任务四　配电柜门设备安装及布线

📄【任务描述】

如图 3-4-1 所示，在任务三的基础上，完成"物流传输系统"配电柜柜门上设备安装及 3D 布线。

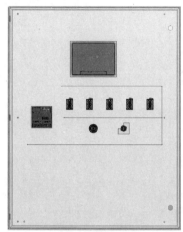
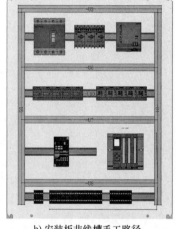
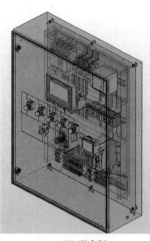

a) 柜门设备及布线路径　　　　b) 安装板非线槽手工路径　　　　c) 3D 配电柜

图 3-4-1　"物流传输系统"配电柜柜门上设备安装及 3D 布线示意图

具体要求：

1）在配电柜柜门上安装按钮 S1、S2、S3、S4、S6，旋转开关 S5，急停按钮 S7，电压表 P1，触摸屏 K2。

2）根据设备安装位置，合理进行布线路径设置。

3）完成配电柜整体布线。

📖【术语解释】

一、布线路径网络生成

在电气工程中，物理上的线槽件就是一个布线路径，有时非线槽的手工路径也是一个布线路径，两者结合起来可构成一个布线网络。

（一）线槽设置

选择所有放置的线槽，单击鼠标右键选择"属性"命令，进入属性（元件）窗口，选择"格式"选项卡中的"透明度"选项，修改透明度为 50%，如图 3-4-2 所示。

（二）修改布线路径层

为了便于自动布线路径的识别，可以修改布线路径所在层的显示颜色。单击菜单栏

"选项"→"层管理",进入层管理窗口,选择"3D 图形"→"布线路径"→"EPLAN684",修改其颜色为"粉色",如图 3-4-3 所示。

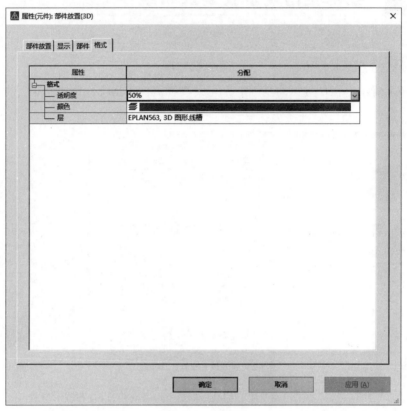

图 3-4-2　透明度

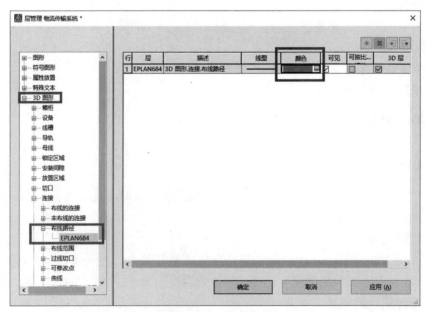

图 3-4-3　层管理

（三）生成布线路径网络

单击菜单栏中"项目数据"→"连接"→"生成布线路径网络"，检查安装板线槽，将产生如图3-4-4所示效果。

二、插入布线路径

在EPLAN Pro Panel非线槽布线路径，可以手动放置布线路径来将非线槽类的走线路由虚拟化表达出来。

单击菜单栏中"插入"→"布线路径"，在安装板或门上单击鼠标左键，确定布线路径起点，拉出布线线条，再次单击鼠标左键，确定节点，依次下去，根据具体情况进行布线路径绘制，路径绘制完成，单击鼠标右键选择"取消操作"命令或按下"Esc"键，完成操作。

在布局空间导航器里，选择"安装板"，单击鼠标右键，选择"显示"→"选择"命令，再单击"3D视角"工具栏中的"旋转视角""右视图"按钮，变换视角，将门和安装板的路径通过插入布线路径命令进行连接，使门上布线路由和安装板布线路由接通，如图3-4-5所示。

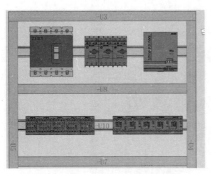

图3-4-4　生成布线路径网络

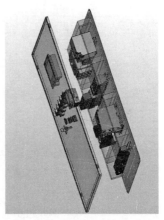

图3-4-5　右侧布线路径连接

【技能操作】

一、安装设备

步骤一： 在"布局空间"导航器窗口中，单击"门"→双击"外部门"。

步骤二： 单击"项目数据"→"设备/部件"→"3D安装布局导航器"，打开导航器，在该导航器中，选中按钮"S"，单击右键，→"放置"，如图3-4-6所示，在配电柜柜门上单击鼠标，将按钮安装在配电柜柜门上。同样的方法，将压力表"P1"、触摸屏"K2"安装在配电柜柜门上。

步骤三： 拖拽鼠标，选中五个按钮，单击"编辑"→"其他"→"均匀分布（水平）"，调整各设备的位置，调整后配电柜的柜面如图3-4-7所示。

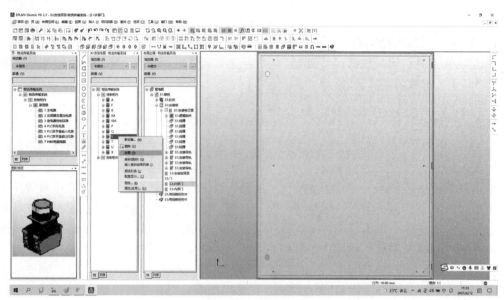

图 3-4-6　安装设备

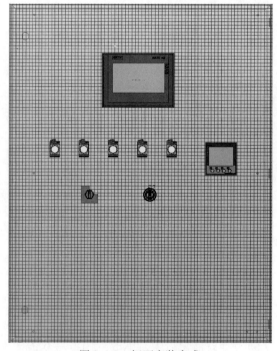

图 3-4-7　柜面安装完成

二、配电柜布线路径设置

在"布局空间"导航器窗口中，双击"安装板正面"，打开"安装板正面"，单击"布线路径"按钮，单击鼠标，拖拽鼠标，在端子下方进行布线，如图 3-4-8 所示；单击鼠标，布线延伸到线槽后，单击拉出线条如图 3-4-9 所示；在"布局空间"导航器中，选中"配电柜"，单击右键，单击"显示"→"仅门"，如图 3-4-10 所示；窗口显示"外部门"，如图 3-4-11 所示；

单击工具栏的"3D 视角，后"，窗口显示"内部门"，可看到鼠标拉出的线条延伸到门上，如图 3-4-12 所示；在门上通过单击鼠标，在相应的设备下方进行布线路径设置，如图 3-4-13 所示。

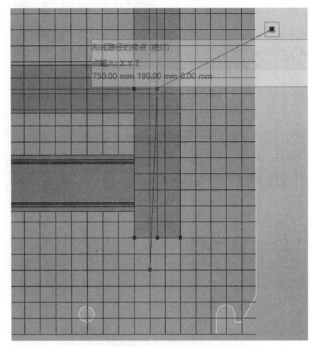

图 3-4-8　在端子下方进行布线　　　　　　　　　图 3-4-9　单击拉出线条

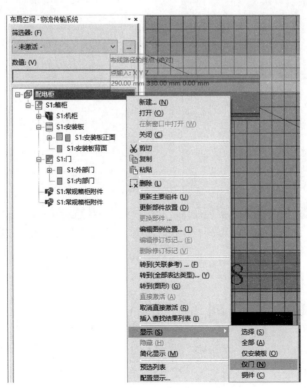

图 3-4-10　单击"显示"→"仅门"

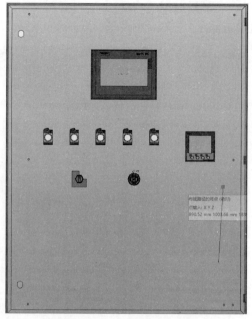

图 3-4-11　窗口显示"外部门"

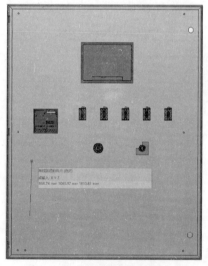

图 3-4-12　窗口显示"内部门"

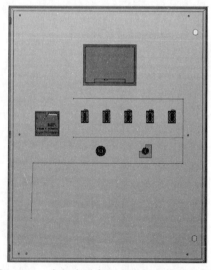

图 3-4-13　在相应设备下方进行布线路径设置

三、配电柜布线

再单击"Pro Panel 布线"工具栏中"布线（布局空间）"，开始进行布线，布线完成后，如图 3-4-14 所示；可通过单击"3D 视角"工具栏中"东北等轴"，如图 3-4-15 所示；在布局空间导航器中选中"S1：安装板"，单击鼠标右键→"显示"→"选择"，将安装板也显示出来，再单击 3D 视角"工具栏中"旋转视角"，拖动鼠标，查看配电柜接线的各个角度，如图 3-4-16 所示。到此，所有布线完成。

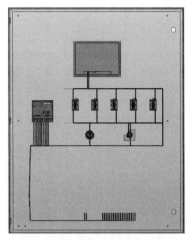

图 3-4-14 配电柜布线完成

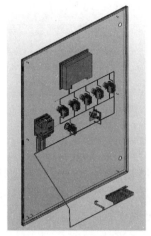

图 3-4-15 "东北等轴"视角

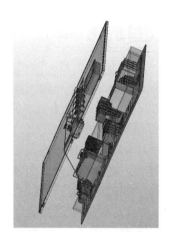

图 3-4-16 所有布线完成

任务五 槽满率显示

【任务描述】

如图 3-5-1 所示，在任务四的基础上，完成"物流传输系统"系统槽满率设置，并显示槽满率状态。

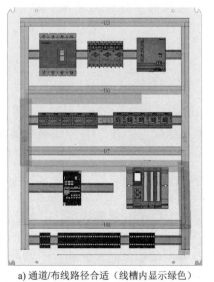

a) 通道/布线路径合适（线槽内显示绿色）

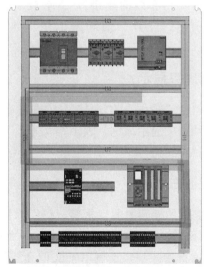

b) 通道/布线路径已满（线槽内显示红色）

图 3-5-1 "物流传输系统"系统槽满率显示状态

具体要求：

1）设置槽满率上限为 50，警告值为 40；

2）显示槽满率状态，根据槽满率状态判断是否要进行更改布线。

📖【术语解释】

在 EPLAN Pro Panel 中，布线功能使导线按照程序设定的原则进行了自动布线，给出布线长度的估算，将走线路由信息写入对应的属性中。但存在的问题是一个走线路由（如"线槽"）可能会走过多的导线，超出了线槽的布线容量。EPLAN 可以对线槽等走线路由进行槽满度的分析。

如果已知线槽的尺寸和接线的外径，则程序可以估算布线路径的大小是否足够容纳所有接线。随着连接数量的增加，线槽内的导线数量也在增加。这尤其在线槽的交叉范围内会导致空间问题。显示槽满率功能提供有关线槽和手动布线路径内空间余量的反馈信息，由此可以识别，必须在哪里有针对地更改布线，以迫使布线穿过低强度占用的布线路径（即便另一条路径更短，但会导致重叠）。

线槽槽满率通过一个彩色标识符显示。这时存在三种状态：

1）红色：通道/布线路径已满。
2）黄色：槽满率低于上限，但高于警告极限。
3）绿色：槽满率小于警告极限。

槽满率上限和警告极限可作为项目设置进行设定，按照标准，槽满率上限为 80%，警告极限为 70%。

一、槽满率设置

单击菜单栏中"选项"→"设置"，打开 EPLAN 的"设置"窗口，选择"项目"→"项目名称"→"待布线的连接"→"常规"进入连接的常规设置选项，在该设置中选择"布线"选项卡，设置"槽满率上限［％］"为 50，［％］时警告为 40，如图 3-5-2 所示。

二、槽满率显示

选择菜单栏"视图"→"连接"→"槽满率"命令显示布线的槽满率，如图 3-5-1 所示，图 3-5-1a 中线槽中显示绿色，表示槽满率小于警告极限。图 3-5-1b 中线槽中显示红色，表示通道/布线路径已满。

三、更改布线

当布线路径的槽满率发生报警，证明该路径布线存在不合理状态，需要设计者干预布线，将一部分连接更改为其他布线路径，从而使布线归于合理状态。

选择"项目数据"→"连接"→"更改布线"命令，依据界面下方状态的提示"选择源布线路径"，选取需要更改的线槽点；再根据提示"选择目标布线路径"，选取需要的线槽点，按"空格"键确定，弹出连接选择窗口，如图 3-5-3 所示。

按"Ctrl"键可以多重选择，完成选择后，单击"确定"，完成布线的更改。再单击菜单栏中"项目数据"→"连接"→"更新槽满率"，重新检查是否布线合理。

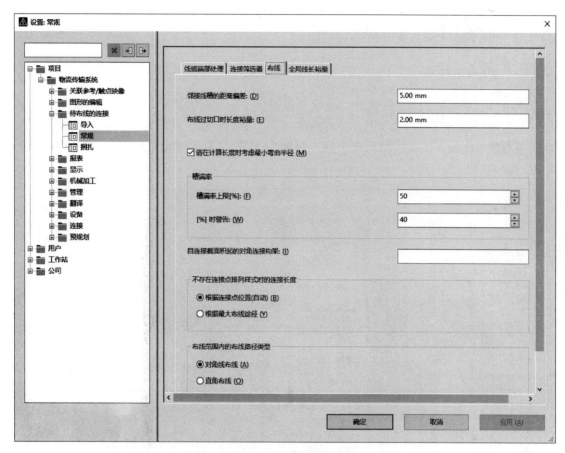

图 3-5-2 槽满率设置

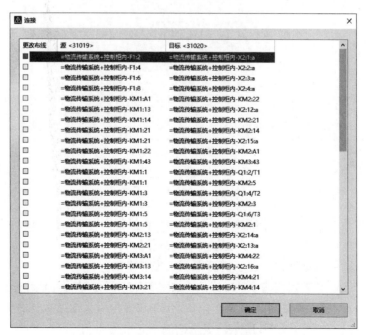

图 3-5-3 更改布线连接选择

【技能操作】

一、槽满率设置

单击"选项"→"设置"，弹出"设置"窗口，在左侧窗口选中"项目"→"物流传输系统"→"待布线的连接"→"常规"，在右侧窗口，选中"布线"选项卡，勾选"请在计算长度时考虑最小弯曲半径"，"槽满率上限"设定为"50"，"40%"时警告，如图 3-5-4 所示，单击"确定"。

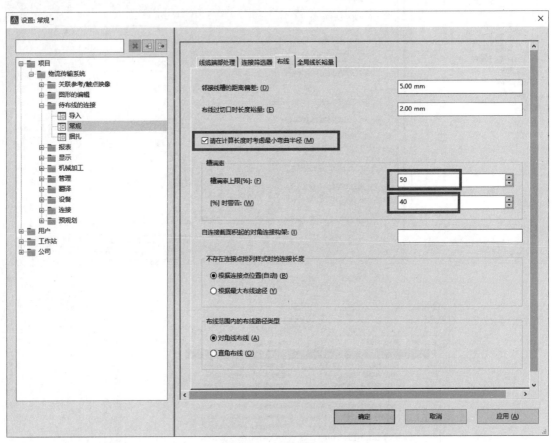

图 3-5-4 槽满率设置

二、槽满率显示

单击"视图"→"连接"→"槽满率"，双击"安装板正面"，显示布线的槽满率。

- 当线槽中显示为红色时，表示通道/布线路径已满；
- 当线槽中显示为绿色时，表示槽满率小于警告极限。

从当前显示来看，该项目线槽中呈现绿色，如图 3-5-5 所示，表示槽满率是位于警告值以下。

大家可以自行调整，例如本例调整上限值为 10 和警告值为 5，单击"更新槽满率"，可以看到线槽呈现红色，如图 3-5-6 所示，表示槽满率超过警告值。

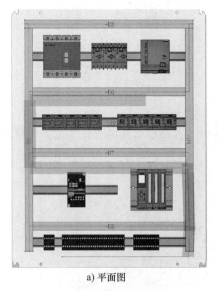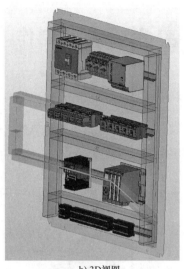

a) 平面图　　　　　　　　　　b) 3D视图

图 3-5-5　槽满率位于警告值以下（彩色图见封二）

再次调回原有数值，更新槽满率，线槽再次呈现绿色。

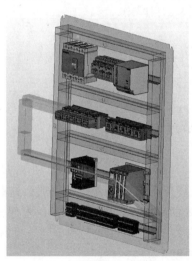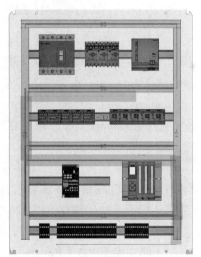

a) 平面图　　　　　　　　　　b) 3D视图

图 3-5-6　槽满率超过警告值（彩色图见封二）

三、更改布线

当布线路径的槽满率发生报警，证明该路径布线存在不合理状态，需要设计者干预布线，可以将一部分连接更改为其他布线路径，从而使布线归于合理状态。

可单击"项目数据"→"连接"→"更改布线"命令，依据状态栏提示，选择需要改变的原布线路径。

本系统电路布线是合理的，就不需要进行布线更改了。

到此，完成本任务操作。

任务六　3D 宏部件制作

【任务描述】

EPLAN 部件库中的部件具备很多属性，只有 3D 的信息准确，才能高效完成相关智能电气设计。如图 3-6-1 所示，本任务要求以一个西门子典型按钮为例，完成相应 3D 宏部件制作。

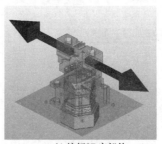

a) 按钮3D模型　　　　　　　　b) 按钮3D宏部件

图 3-6-1　按钮 3D 宏部件制作

注意事项：

目前互联网上有很多免费的模型提供下载，大家可以学习借鉴：

https://www.traceparts.com/zh/　　3D 零件库

https://mall.industry.siemens.com/spice/tstweb/#/Start/　　在线选型

https://www.phoenixcontact.com　　菲尼克斯电气模型下载

【术语解释】

EPLAN 部件库中的部件具备很多属性，这些特征如果没有使用，那么这些属性是否配置或者正确与否意义都不大。比如在 EPLAN P8 的平面设计中，相关 3D 宏部分的属性就无关紧要。但是在 EPLAN Pro Panel 的设计中，有关 3D 的属性就尤其重要。也就是说，3D 的信息一定要正确，才能完成 EPLAN Pro Panel 的设计。

所有有关部件 3D 的信息基本上都加载到部件库部件指向到的 3D 宏文件上，该文件为部件提供了机械安装方面和接线位置方面的信息，我们做部件的 3D 宏，也是从这两方面入手进行定义的。

一、"宏位置"的设置

在页导航器中选中项目名称，单击鼠标右键选择"属性"命令，弹出"项目属性"窗口。注意在"属性名"栏的"项目类型"文本框内，项目类型由"原理图项目"切换为"宏项目"，如图 3-6-2 所示。其他的内容保持默认参数，单击"确定"，完成宏项目的建立。

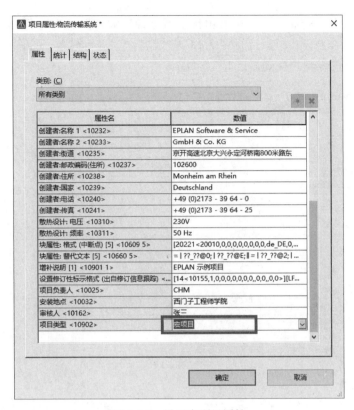

图 3-6-2　设置宏项目属性

二、导入 3D 文件

单击菜单栏中"布局空间"→"导入（3D 图形）"，弹出"打开"窗口，选择已经设置好的"∗.STEP"文件，单击"打开"按钮，在布局空间导航器中出现名称为"1"的空间，同时图形编辑器中展开"1"空间的 3D 图形，如图 3-6-3 所示。

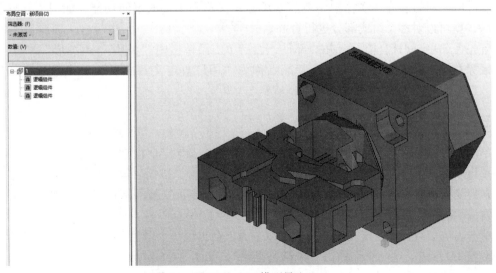

图 3-6-3　3D 模型导入

在布局导航器中，选中"1"，单击鼠标右键选择"属性"命令，弹出"属性（元件）：布局空间"窗口，在该窗口可以进行"名称""宏名称"进行修改，如图3-6-4所示，以便于后续增加宏内容的编辑和整理。

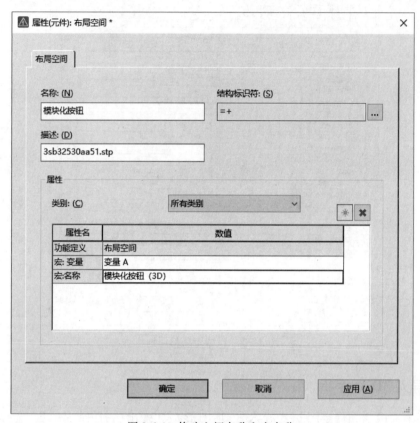

图 3-6-4　修改空间名称和宏名称

当导入的3D部件是由多个3D部件组成的装配体，而且在后续的EPLAN Pro Panel中不再分别应用不同的部分（在箱柜中就需要单独定义不同组件的不同功能，如门板和安装板等）时，就可以对多个组成部分进行合并。

首先在3D空间选择需要合并的部件，然后单击菜单栏中"编辑"→"图形"→"合并"，单击鼠标左键"定义基准点"（该基准点称为"用户自定义基准点"），完成选中部件的合并。

三、设备逻辑定义

单击"3D视角"工具栏中的"旋转视角"按钮，旋转3D模型，选择合适的视角；再单击"Pro Panel设备逻辑"工具栏中的"定义放置区域"按钮，鼠标系附该功能，单击部件将来需要安装放置的平面（部件安装的接触面，在导轨安装的部件里，一般定义为与导轨平面接触的平面）。

单击确认平面后，在定义后的放置区域平面上会出现一个绿色平面，在放置区域会出现9个蓝色的基准点。这9个点称为"默认基准点"。如图3-6-5所示。

模块上的9个默认基准点和1个用户自定义基准点的作用是将来用户在3D布局空间放

置部件的时候与安装面放置的插入点。

默认定义 3D 宏经常会出现宏部件东倒西歪，且和预期的方向不一样的情况，这就需要在定义 3D 宏的时候确定好部件的姿态。可以通过"Pro Panel 设备逻辑"工具栏中的"翻转放置区域"和"旋转放置区域"命令进行调整。

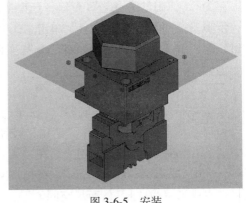

图 3-6-5　安装

四、Pro Panel 接线点定义

完成部件 3D 外形的定义后，对该部件的电气连接点进行定义。

定义连接点前，单击菜单栏中"视图"→"连接点"→"连接点方向/连接点代号"，以便于定义连接点时进行连接点定义观察。

单击菜单栏中"编辑"→"设备逻辑"→"连接点排列样式"→"定义连接点"，先选择元件的下底面作为出现方向，然后再用鼠标抓取安装孔，单击鼠标左键，弹出连接点排列样式窗口，输入连接点代号，如图 3-6-6 所示。

依次定义其他连接点，结果如图 3-6-7 所示。

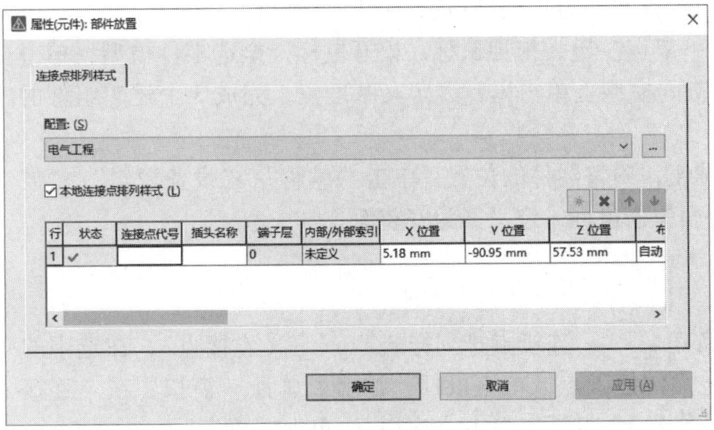

图 3-6-6　连接点排列样式窗口

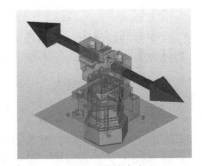

图 3-6-7　连接点定义

选中已经完成连接点定义的设备，单击鼠标右键选择"生成连接点排列样式"命令，弹出"部件选择"窗口，修改连接点排列样式名称为"SIE.3sb32530aa51"，单击"应用"按钮，完成连接点排列样式生成。

【技能操作】

一、3D 文件导入

步骤一：打开 https://www.traceparts.cn/zh（3D 零件库）网页，搜索"Siemens 按钮"，选中编号为"3SB32530AA51"零件，在 CAD 模型中，选中"STEP AP203"，登录自己的账号，单击"下载"，将下载文件复制到桌面，并将其解压。

步骤二：在网页中，复制零件号，选中照片模式，选中按钮的图片，单击右键→"将图片另存为", 弹出 "另存为" 窗口, 选择桌面, 在文件名中粘贴零件号, 单击 "保存"。

步骤三: 回到 EPLAN 软件, 单击 "工具" → "生成宏" → "源自 3D 文件", 弹出 "打开" 窗口, 选中解压的 "3sb32530aa51. stp" 文件, 单击 "打开", 开始进行文件导入。

二、创建布局空间

单击 "布局空间" → "导航器", 在布局空间导航器中, 单击右键 → "新建", 弹出 "属性" 窗口, 单击类别栏右侧的 "新建" 按钮, 弹出 "属性选择" 窗口, 在筛选器中输入宏, 选中 "宏: 名称", 单击 "确定", 在 "宏: 名称" 数值栏中单击拓展按钮, 弹出 "打开" 窗口, 选中 "3sb32530aa51. ema" 文件, 单击 "打开", 单击 "确定", 在 "布局空间" 导航器中生成名字为 "1" 的布局空间。

三、插入 3D 模型

步骤一: 双击布局空间中的 "1", 打开空间 "1", 单击 "插入" → "窗口/符号宏", 弹出 "选择宏" 窗口, 选中 "3sb32530aa51. ema" 文件, 单击 "打开", 滑动鼠标滑轮, 放大模型, 单击鼠标, 弹出 "插入模式" 窗口, 单击 "确定", 插入模型。

步骤二: 在页导航器中, 选中 "物流传输系统", 单击右键 → 属性, 弹出 "项目属性" 窗口, 在 "属性" 选项卡中, 修改项目类型为 "宏项目", 单击 "确定"。

步骤三: 在 "1" 空间中, 按下鼠标左键, 拖拽鼠标, 松开鼠标, 全选零件模型, 单击 "编辑" → "图形" → "合并", 再在空间模型上单击鼠标, 定义基准点, 完成 3 个逻辑组件的合并。

步骤四: 单击 "旋转视角" 按钮, 调整器件的位置, 单击 "编辑" → "设备逻辑" → "放置区域" → "定义", 在合适的安装面单击鼠标, 定义其为安装面。

四、定义连接点

步骤一: 单击 "编辑" → "设备逻辑" → "连接点排列样式" → "定义连接点", 在选中的基准面上, 单击鼠标, 再选中要定义的插入点, 单击鼠标, 弹出 "属性" 窗口, 在 "连接点排列样式" 选项卡中, 设置连接代号为 "11", 单击 "应用", 单击 "确定"。

步骤二: 单击 "视图", 勾选 "连接点代号" 和 "连接点方向", 单击 "旋转视角" 按钮, 观察器件和连接点的位置, 选中连接点, 单击右键 → 属性, 选中 "连接点排列样式" 选项卡, 不断修正其中 "X 位置" "Y 位置" "Z 位置" 数值, 直到连接点正好对应相应的连接位置 (这里调整位置, 需要一定的耐性, 根据数据和连接点的位置的变化进行修正)。

步骤三: 同样的方法, 定义另一个连接点, 其连接代号为 "12"。

完成连接点定义。

五、3D 宏生成

步骤一: 在 "1" 空间中, 按下鼠标左键, 拖拽鼠标, 松开鼠标, 全选模型, 单击 "项目数据" → "宏" → "自动生成", 弹出 "自动生成宏" 窗口, 勾选 "覆盖现有的宏", 单击 "确定", 完成 3D 宏的生成。

步骤二: 单击 "3D 视角, 上", 单击 "布局空间" → "测量", 滑动鼠标滑轮, 放大模型,测量按钮的轮廓为长和宽均在"30mm"左右，故初步可定义其圆心所在位置为（15，15）。由图参数可知孔径为"22mm"，记录相关数据。

六、部件设置

步骤一：单击"工具"→"部件"→"管理"，弹出"部件管理"窗口，选中"传感器，开关和按钮"，单击右键→"新建"，选中新建文件的"常规"选项卡，在"部件编号"中输出"SIE. 3SB32530AA51""类型编号"和订货编号均为"3SB32530AA51"，供应商为"SIE"。

步骤二：选中"安装数据"选项卡，单击"图形宏"右侧的拓展按钮，弹出"选择图形宏"窗口，选中"3sb32530aa51. ema"文件，单击"打开"，单击图片文件右侧拓展按钮，弹出"选取图片文件"，选中桌面的"3sb32530aa51"图片文件，单击打开，完成关联。

步骤三：选中"技术数据"选项卡，技术参数输入为"Siemens 按钮，蓝色，22mm，Panel Mount，NO"。

步骤四：选中"功能模板"选项卡，单击"新建"，弹出"功能定义"窗口，在左侧窗口选中"电气工程"→"传感器，开关和按钮"→"开关/按钮"→"开关/按钮，常开触点，2 个连接点"→"按钮，常开触点"，单击"确定"，生成一个功能行，在其"符号"栏中，单击拓展按钮，弹出"符号选择"窗口，在左侧窗口中选中"传感器，开关和按钮"，在右侧窗口，选中第 18 个图标"SSD 按钮，常开触点"，单击"确定"；在功能行的"连接点代号"中输入 11 和 12 端子，分隔符通过键盘 CTRL+ENTER 键输入，单击"应用"。

步骤五：在左侧窗口，选中"钻孔排列样式"，单击右键→"新建"，在右侧窗口，选中"钻孔排列样式"选项卡，输入名称为"SIE. 3SB32530AA51"；选中"切口"选项卡，单击"新建"，在"钻孔类型"中选中"钻孔"，设定"X 位置"为"15mm"，"Y 位置"为"15mm"，"第一尺寸"为"22mm"，单击"应用"，完成钻孔排列样式设置。

步骤六：在左侧窗口中，选中传感器、开关和按钮中的"SIE. 3SB32530AA51"，在右侧窗口，选中"生产"选项卡，单击"新建"，在"钻孔排列样式"栏中，单击拓展按钮，弹出"部件选择"窗口，关联"SIE. 3SB32530AA51"钻孔排列样式，单击"确定"，单击"应用"，单击"关闭"，单击"是"。完成按钮的 3D 宏部件制作。

七、收尾工作

步骤一：3D 宏部件制作完成后，删除布局空间导航器中的"1"布局空间。
步骤二：在页导航器中，修改本项目的项目类型为"原理图项目"。
同样的方法，大家可自行完成所需要的 3D 宏部件制作。
本项目所有的部件宏都制作完成，读者可直接在学习资源中下载使用。

EPLAN

任务一　报表生成

📄【任务描述】

在项目四的基础上，完成"物流传输系统"相应报表的生成。

具体要求：

要生成的"物流传输系统"相应报表信息见表 4-1-1。

表 4-1-1　报表信息

序号	位置代号	生成报表名称
1	控制柜内	端子连接图
2		PLC 设备 I/O 表
3		导线连接表
4		设备连接图
5		部件清单
6	控制柜外	电缆连接图

注意事项：

生成报表的标题栏为"BIEM-A3 图框"。

📖【术语解释】

EPLAN 的强大功能体现在设计过程的各个方面，但是从设计理念和工作效率方面考虑，最突出的功能就是报表的功能。报表是将项目数据以图形或表格的方式输出，用于评估原理图的设计及后期项目施工的指导。

一、报表设置

选择菜单栏中"选项"→"设置"命令，系统弹出"设置"窗口，在"项目"→"项目名称"→"报表"选项，包括"显示/输出""输出为页""部件"三个选项卡，如图 4-1-1 所示。

（一）显示/输出

打开"显示/输出"选项卡，设置报表的显示与输出格式。在该选项卡中可以进行报表有关选项设置。

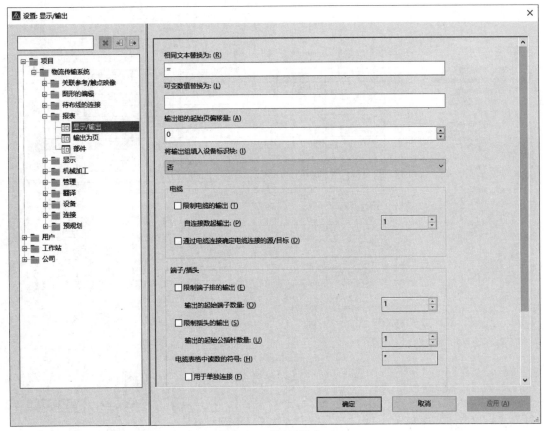

图 4-1-1　"设置"窗口

1）相同文本替换为：对于相同文本，为避免重复显示，使用"＝"替代。

2）可变数值替换为：用于对项目中占位符对象的控制在部件汇总表中，替代当前的占位符文本。

3）输出组地起始页偏移量：作为添加的报表变量。

4）将输出组填入设备标识块：与属性设置窗口中"输出组"配合使用，作为添加的报表变量。

5）电缆、端子/插头：处理最小数量记录数据是允许指定项目数据输出。

6）电缆表格中读数的符号：在端子图表总，使用指定的符号替代芯线颜色。

（二）输出为页

打开"输出为页"选项卡，预定设置表格，如图 4-1-2 所示。在该选项卡中可以进行报表的有关选项设置。

1）报表类型：默认系统下提供所有报表类型，根据项目要求，选择需要生成的项目类型。

2）表格：确定表格模板，单击其下拉菜单，选择"查找"命令，弹出"选择表格"窗口，用于选择表格模板，激活"预览"复选框，预览表格，单击"打开"按钮，导入选中的表格。

3）页分类：确定输出的图样页报表的保存结构，单击其拓展按钮，弹出"页分类-邮件

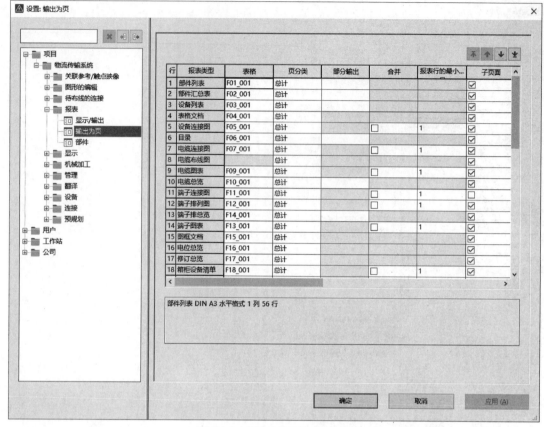

图 4-1-2 "输出为页"选项卡

列表"窗口,设置排序依据。

4) 部分输出:根据"页分类"设置,为每一个高层代号生成一个同类的部分报表。

5) 合并:分散在不同页上的表格合并在一起连续生成。

6) 报表行的最小数量:指定了到达换页前生成数据集的最小行数。

7) 子页面:输出报表时,报表页名用于子页名命名。

8) 字符:定义子页的命名格式。

(三)部件

打开"部件"选项卡,如图 4-1-3 所示,用于定义在输出项目数据生成报表时部件的处理操作。在该选项卡中可以进行报表的有关选项设置。

1) 分解组件:勾选复选框,生成报表时,系统分解组件。

2) 分解模块:勾选复选框,生成报表时,系统分解模块。

3) 达到级别:可以定义生成报表时,系统分解组件和模块的级别,默认级别为 1。

4) 汇总一个设备的部件:设置用于合并多个元件为设备编号继续显示。

二、报表生成

单击菜单栏中"工具"→"报表"→"生成",弹出"报表"选项卡,如图 4-1-4 所示,在该窗口中包括"报表"和"模板"两个选项卡,分别用于生成没有模板与有模板的报表。

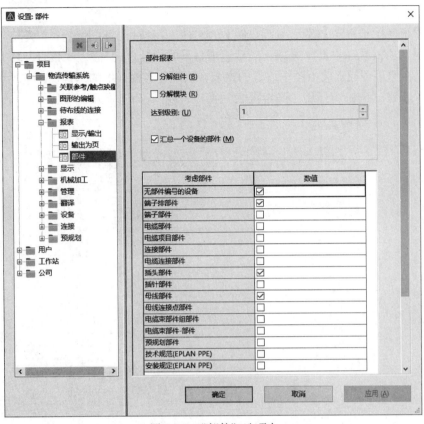

图 4-1-3 "部件"选项卡

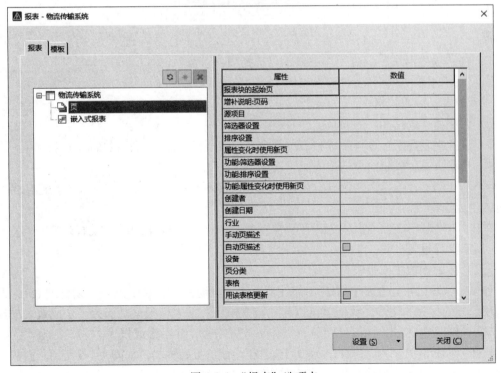

图 4-1-4 "报表"选项卡

（一）自动生成报表

打开"报表"选项卡，显示项目文件下的文件。在项目文件下包含"页"与"嵌入式报表"两个选项，展开"页"选项，显示该项目下的图样页；"嵌入式报表"不是单独成页的报表，是在原理图或安装板图中放置的报表，只统计本图样中的部件。

单击"新建"按钮，打开"确定报表"窗口，如图 4-1-5 所示。

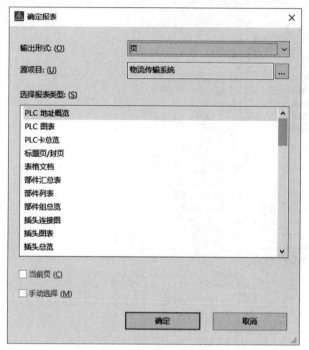

图 4-1-5 "确定报表"窗口

1）在"输出形式"下拉列表中显示可选择项。

页：表示报表一页页显示；

手动放置：嵌入式报表。

2）源项目：选择需要的项目。

3）选择报表类型：选择生成报表的类型，安装板的报表时柜箱设备清单。

4）当前页：生成当前页的报表。

5）手动选择：不勾选复选框，生成的报表包含所有柜体；勾选该复选框，包括多个机柜时，生成选中机柜的报表。

单击"设置"按钮，在该按钮下包含三个命令："显示/输出""输出为页"和"部件"，用于设置报表格式。

（二）按照模板生成报表

如果一个项目中建立多个报表（部件汇总表、电缆图表、端子图表、设备列表），而以后使用同样的报表和格式，我们就可以建立报表模板。报表模板只是保存了生成报表的规则（筛选器、排序）、格式（报表类型）、操作、放置路径，并不生成报表。

打开"模板"选项卡，定义显示项目文件下生成的报表种类，如图 4-1-6 所示。新建报表的方法与（一）自动生成报表相同，不过这里生成的是模板文件。

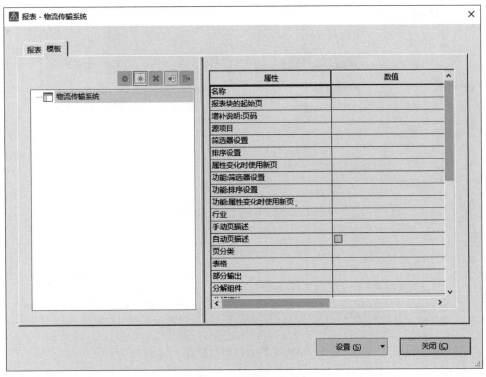

图 4-1-6　"模板"选项卡

（三）报表操作

完成报表模板文件的设置后，可直接生成目的报表文件，也可以对报表文件进行其余操作，包括报表的更新等。

1）报表的更新：当原理图出现更改时，需要对已经生成的报表进行及时更新，选择菜单栏中"工具"→"报表"→"更新"命令，自动更新报表文件。

2）生成项目报表：选择菜单栏中的"工具"→"报表"→"生成项目报表"，自动生成所有报表模板文件。

三、打印与报表输出

（一）打印输出

为方便原理图的浏览、交流，经常需要将原理图打印到图纸上。EPLAN 提供了直接将原理图打印输出的功能。

在打印之前首先进行页面设置。选择菜单栏中的"项目"→"打印"命令，即可弹出"打印"窗口，如图 4-1-7 所示。

（二）设置接口参数

选择菜单栏中的"选项"→"设置"命令，弹出"设置"窗口，打开"用户"→"接口"，设置接口文件的参数，如图 4-1-8 所示。

在该选项下显示导入导出的不同类型的文件，将这些设置进行管理与编辑，并以配置形式保存，方便不同类型文件进行导入导出时使用。对于特殊设置，在使用特定命令时，再进行设置。

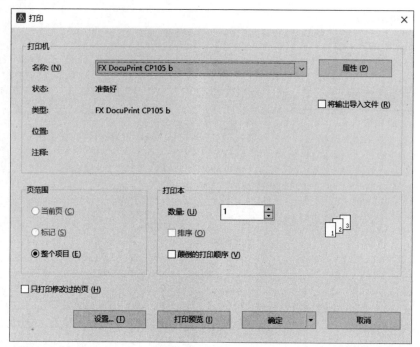

图 4-1-7 "打印"窗口

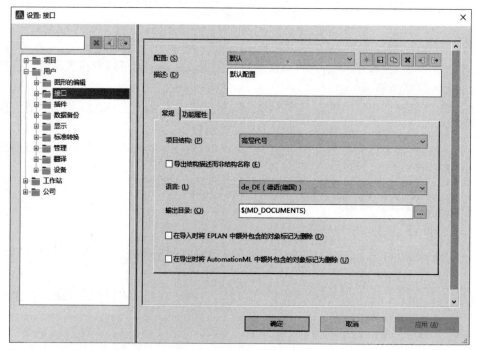

图 4-1-8 "接口"选项

（三）导出 PDF 文件

在绘制的电气原理图中，经常会使用到 PDF 导出功能，打开导出的 PDF 文件后，点击中断点，可以跳转到关联参考的目标，同时会对图样进行放大，对图样的审图有很大帮助。

在"页"导航器中选择需要导出的图样页,选择菜单栏中的"页"→"导出"→"PDF"命令,弹出"PDF 导出"窗口,如图 4-1-9 所示。

1)在"源"栏中显示选中的图样页。

2)选择"配置"后的拓展按钮,切换到"设置:PDF 导出"窗口,如图 4-1-10 所示,选择"常规"选项卡,若勾选"使用缩放"选项并输出缩放级别,则导出的 PDF 文件根据要求修改缩放图样。勾选"简化的跳转功能"复选框,整个项目的所有跳转功能均得到简化,只能跳转到对应主功能处,而不是跳转点的左、中、右分别跳转到不同地方。单击"确认"退出设置窗口,只有导出整个项目文件 PDF 时才会有图样上的跳转功能,只导出图样的一部分是没有这个功能的。

图 4-1-9 "PDF 导出"窗口

图 4-1-10 "设置:PDF 导出"窗口

3)"输出目录"选项下显示导出 PDF 文件的路径。

4)"输出"选项下显示输出 PDF 文件的颜色设置,有 3 种选择,即黑白、彩色或灰度。

5)勾选"使用打印边距"复选框,导出 PDF 文件时设置页边距。

6)勾选"输出 3D 模型"复选框,导出 PDF 文件中包含 3D 模型。

7)勾选"应用到整个项目"复选框,将导出 PDF 文件中的设置应用到整个项目。

8)单击"设置"按钮,显示三个命令:输出语言、输出尺寸、页边距。

完成设置后,单击"确定",生成 PDF 文件。

(四)导出图片文件

可以把原理图以不同的图片格式输出,输出格式包括 BMP、GIF、JPG、PNG 和 TIFF。可以导出一个单独的图样页,也可以制定文件名,导出多个图样页时,不能自主分配文件名,需要使用代号替代。

在"页"导航器中选择需要导出的图样页,选择菜单栏中的"页"→"导出"→"图片文件"命令，弹出"导出图片文件"窗口，导出图片文件，如图 4-1-11 所示。

（五）导出 DXF/DWG 文件

DXF/DWG 文件导出时，需要设置原理图中的层、颜色、字体和线型，完成这些设置后，方便 DXF/DWG 文件的导入和导出。

在"页"导航器中选择需要导出的图样页，选择菜单栏中的"页"→"导出"→"DXF/DWG 文件"命令，弹出"DXF/DWG 文件"窗口，导出 DXF/DWG 文件，如图 4-1-12 所示。

图 4-1-11 "导出图片文件"窗口

图 4-1-12 弹出"DXF/DWG 文件"窗口

【技能操作】

一、制作报表图框

步骤一：单击"工具"→"主数据"→"图框"→"复制"，弹出"复制图框"窗口，在默认路径中，选中 BIEM-A3 图框，如图 4-1-13 所示，单击"打开"，弹出"创建图框"窗口，在文件名中输入"BIEM-A3 报表图框"，如图 4-1-14 所示，单击"保存"。

图 4-1-13 "复制图框"窗口

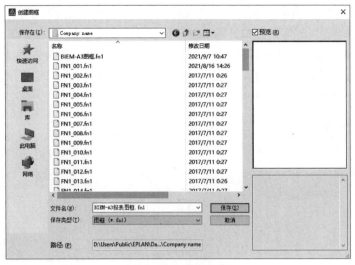

图 4-1-14 创建图框

步骤二：在页导航器中生成"BIEM-A3 报表图框"，在图形编辑器中选中"页描述"，单击右键→"属性"，弹出"属性"窗口，展开"位置框"，勾选"激活位置框"和"固定文本宽度"，如图 4-1-15 所示，单击"确定"。可看见"页描述"有位置框，选中该位置框，拖动鼠标，调整其宽度和高度，如图 4-1-16 所示。

图 4-1-15 属性（特殊文本）：页属性

图 4-1-16 "页描述"位置框

步骤三：在页导航器中，选中"BIEM-A3 报表图框"，单击右键→关闭，完成报表图框制作。

二、生成端子连接图

单击"工具"→"报表"→"生成"，弹出"报表"窗口，如图 4-1-17 所示，在"报表"

选项卡中单击"新建"，弹出"确定报表"窗口，选中"端子连接图"，如图 4-1-18 所示，单击"确定"，弹出"设置"窗口，可根据需要进行设置，如图 4-1-19 所示，这里单击"确定"，弹出"端子连接图"窗口，设定"高层代号"为"物流传输系统"，"位置代号"为"控制柜内"，"文档类型"为"报表"，页名为"1"，如图 4-1-20 所示，单击"确定"，生成端子连接图。可在页导航器中看到相应端子连接图树结构，如图 4-1-21 所示。

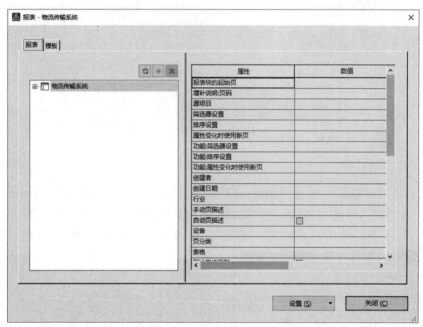

图 4-1-17 "报表"窗口

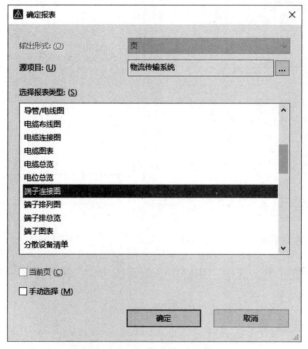

图 4-1-18 选中"端子连接图"

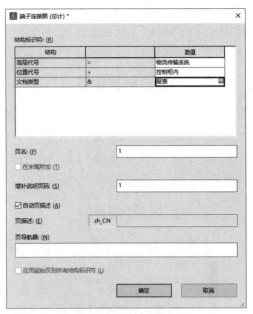

图 4-1-19　"设置"窗口　　　　　　图 4-1-20　端子连接图设定

图 4-1-21　端子连接图树结构

三、生成 PLC 设备 I/O 表

继续在"报表"选项卡中单击"新建",选中"PLC 地址概览",单击"确定",单击"确定",弹出"PLC 地址概览",设定"高层代号"为"物流传输系统","位置代号"为"控制柜内","文档类型"为"报表",页名为"6",取消"自动页描述"前的"√","页描述"栏中输入"PLC 设备 I/O 表",单击"确定",生成 PLC 设备 I/O 表。

四、生成导线连接表

继续在"报表"选项卡中单击"新建",选中"连接列表",单击"确定",单击"确定"，弹出"连接列表"，设定"高层代号"为"物流传输系统"，"位置代号"为"控制柜内"，"文档类型"为"报表"，页名为"7"，取消"自动页描述"前的"√"，"页描述"输入为"导线连接"，单击"确定"，生成导线连接表。

五、生成设备连接图

继续在"报表"选项卡中单击"新建"，选中"设备连接图"，单击"确定"，单击"确定"，弹出"设备连接图"，设定"高层代号"为"物流传输系统"，"位置代号"为"控制柜内"，"文档类型"为"报表"，页名为"8"，单击"确定"，生成相应的设备连接图。

六、生成部件清单

继续在"报表"选项卡中单击"新建"，选中"部件汇总表"，单击"确定"，再单击"确定"，弹出"部件汇总表"，设定"高层代号"为"物流传输系统"，"位置代号"为"控制柜内"，"文档类型"为"报表"，页名为"43"，取消"自动页描述"前的"√"，"页描述"栏输入为"部件清单"，单击"确定"，生成部件清单。

七、生成电缆连接图

继续在"报表"选项卡中单击"新建"，选中"电缆连接图"，单击"确定"，再单击"确定"，弹出"电缆连接图"，设定"高层代号"为"物流传输系统"，"位置代号"为"控制柜外"，"文档类型"为"报表"，页名为"1"，单击"确定"，生成电缆连接图，单击"关闭"。现在，在控制柜内和控制外均生成了相应的报表。

八、图框修改

打开生成的任意一个报表，可看到生成的报表的标题栏并非我们制作好的标题栏。我们可选中页导航器中"控制柜内"→"报表"，单击右键→"属性"，弹出"页属性"窗口，在图框名称栏中，单击下拉菜单，选中"查找"，弹出"选择图框"，选中制作好"BIEM-A3 报表图框"，单击"打开"，如图 4-1-22 所示，单击"确定"，完成"物流传输系统"控制柜内报表的图框修改；同样的方法，完成控制柜外报表的图框修改。

到此，完成本任务操作。

图 4-1-22　图框修改

任务二　模型视图

【任务描述】

在任务一的基础上，完成"物流传输系统"相关模型视图的创建。

具体要求：

1）创建配电柜 3D 模型视图。

2）创建安装板钻孔视图。

3）创建配电柜柜门钻孔视图。

4）对安装板布局进行设计，并标注相关尺寸。

5）能根据图样需求设计创建合适的表格。

6）相关视图图框为"BIEM-A3 图框"。

【术语解释】

完成 3D 箱柜布局后，在 3D 空间中含有箱柜、线槽、导轨及电气元器件，3D 元件得到正确的摆放和虚拟，实现了 3D 的原型设计。3D 原型通过不同角度的投影，实现了 3D 到 2D 的快速转换，2D 的工艺文档指导生产车间进行有效的安装和接线。

模型视图是装备安装表面的标准视图或视图，它们用于显示目的和创建绘图。可以使用 EPLAN 标准平台功能在模型视图中绘制箱柜生产的附加信息，例如尺寸、文本等。

模型视图是通过指定两点来定义的。当创建标准视图时，显示 3D 视图的整个内容并缩放到模型视图中。在装备的安装表面的模型视图中，只有配备的安装表面和放置在其上的元件被适合缩放。模型视图可以插入任何页类型中。

【技能操作】

一、创建配电柜 3D 模型视图

步骤一：在"页导航器"中，选中"物流传输系统"，单击右键→"新建"，弹出"新建页"窗口，单击"完整页名"栏右侧拓展按钮，修改"文档类型"为"安装板布局图"，"页名"为"1"，单击"确定"，修改"页类型"为"模型视图（交互式）"，"页描述"为"配电柜 3D 模型"，如图 4-2-1 所示，单击"确定"。

步骤二：单击"插入"→"图形"→"模型视图"，在图样中，单击鼠标确定起点，拖拽鼠标，然后单击鼠标确定终点，并弹出"模型视图"窗口，单击"基本组件"右侧拓展按钮，弹出"3D 对象选择"窗口，选中"配电柜"，单击"确定"；"视角"选中"东南等轴"；"风格"选中"阴影"；"比例设置"选中"适应"，如图 4-2-2 所示，单击"确定"。完成物流传输系统配电柜 3D 模型创建。

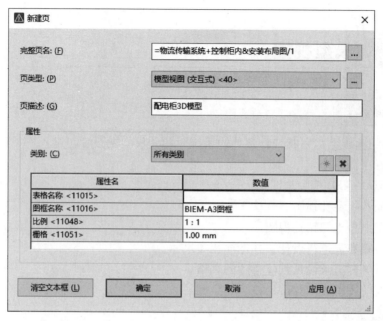

图 4-2-1 "新建页"窗口

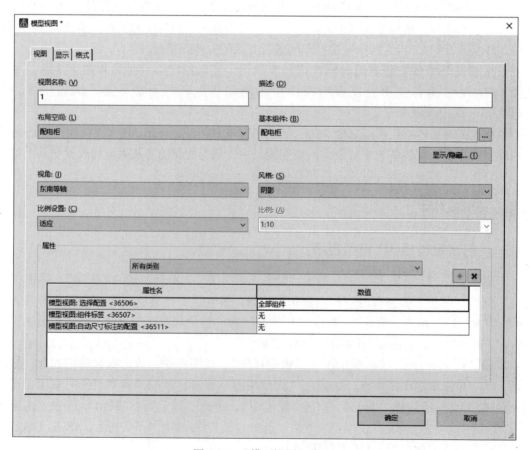

图 4-2-2 "模型视图"窗口

二、创建新的切口图例表格

步骤一：单击"工具"→"主数据"→"表格"→"复制"，弹出"复制表格"窗口，单击文件类型下拉菜单，选中"切口图例"，在窗口中选中 F47_001，如图 4-2-3 所示，单击"打开"，弹出"创建表格"窗口，在文件名中输入"F47_001-BIEM"，如图 4-2-4 所示，单击"保存"，在页导航器中生成"F47_001-BIEM"新表格。

图 4-2-3　"复制表格"窗口

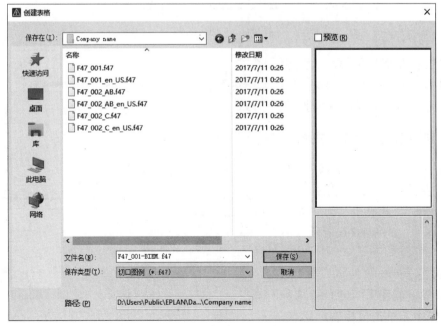

图 4-2-4　"创建表格"窗口

步骤二：在新表格中，删除后 4 列内容；选中外图框，拖动鼠标，调整到合适宽度；选中最后一行直线，调整直线的长度，将鼠标移到该直线上，鼠标右下角显示该直线的长度为 208mm；选中所有的行直线，单击右键→属性，弹出"属性"窗口，修改长度为 208，如图 4-2-5 所示，单击确定，完成切口图例表格修改；

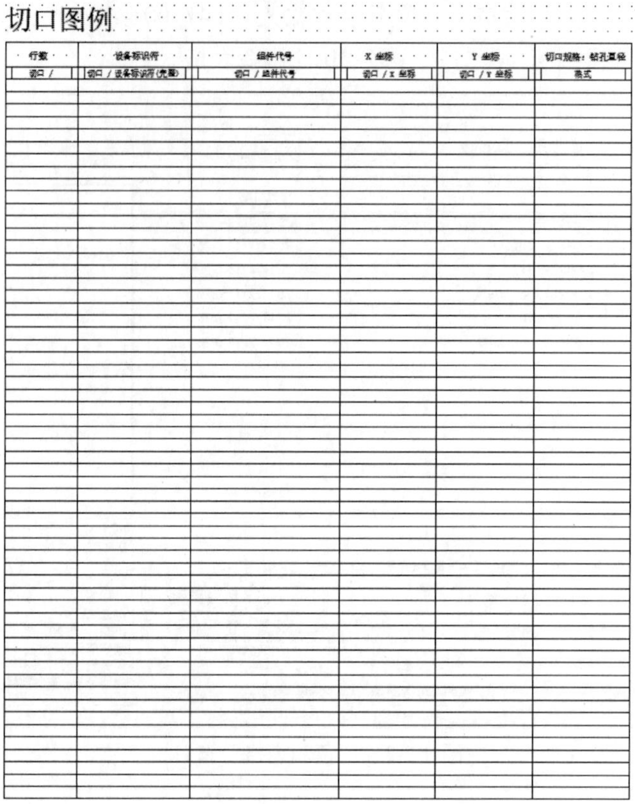

切口图例

行数	设备标识符	组件代号	X 坐标	Y 坐标	切口报警：钻孔直径
窗口 /	窗口 / 设备标识符 (完整)	窗口 / 组件代号	窗口 / X 坐标	窗口 / Y 坐标	表达式

图 4-2-5　切口图例

步骤三：在页导航器中，选中"F47_001-BIEM"表格，单击右键→"关闭"，完成切口图例表格创建。

三、创建安装板钻孔视图

步骤一：在"页导航器"中，选中"安装布局图"，单击右键→"新建"，修改"页描述"为"安装板钻孔视图"，如图 4-2-6 所示，单击"确定"。

步骤二：单击"插入"→"图形"→"2D 钻孔视图"，如图 4-2-7 所示，在图样中，单击鼠标确定起点，

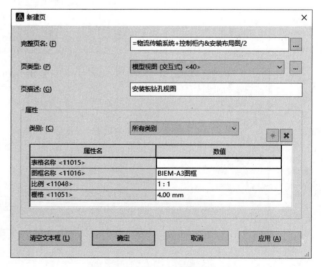

图 4-2-6　修改"页描述"为"安装板钻孔视图"

拖拽鼠标，单击鼠标确定终点，弹出"钻孔视图"窗口，单击"基本组件"右侧拓展按钮，弹出"3D 对象选择"，选中"安装板正面"，单击"确定"，单击比例设置下拉菜单，选中"适应"，如图 4-2-8 所示，单击"确定"。

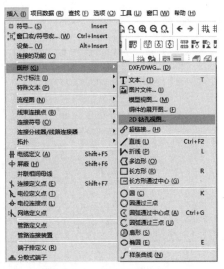

图 4-2-7 单击"插入"→
"图形"→"2D 钻孔视图"

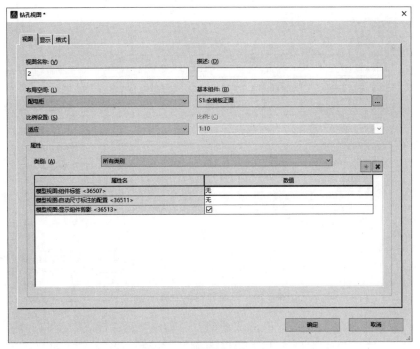

图 4-2-8 "钻孔视图"窗口

步骤三：单击"工具"→"报表"→"生成"，弹出"报表"窗口，单击设置按钮的下拉菜单，选中"输出为页"，如图 4-2-9 所示，弹出"设置"窗口，在第 45 行切口图例的表格中，单击下拉菜单，选中"查找"，弹出"选择表格"窗口，选中制作好的"F47_001-BI-EM"，单击"打开"，如图 4-2-10 所示，单击"确定"。

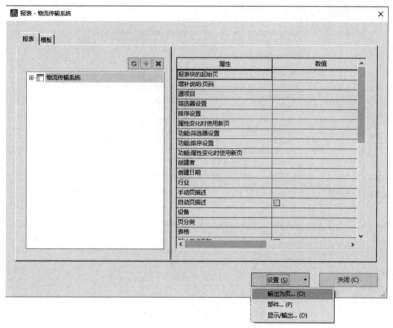

图 4-2-9　选中"输出为页"

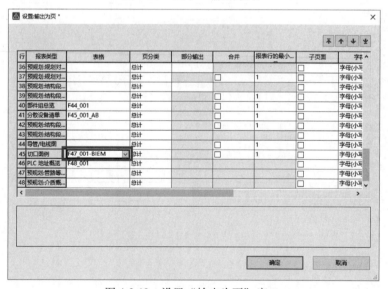

图 4-2-10　设置"输出为页"窗口

　　步骤四：回到"报表"窗口，单击"新建"，弹出"确定报表"窗口，输出形式选中为"手动放置"，选择报表类型选中"切口图例"，勾选"当前页"和"手动选择"，如图 4-2-11 所示，单击"确定"，弹出"手动选择"窗口，在左侧窗口选中"2"，单击"向右推移"，将可使用的"2"设置为选定的，如图 4-2-12 所示，单击"确定"，再单击"确定"，在图样合适的位置单击鼠标，插入切口图例。

图 4-2-11 "确定报表"窗口

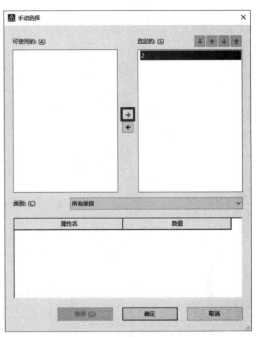

图 4-2-12 "手动选择"窗口

四、创建柜门钻孔视图

步骤一：在"页导航器"中，选中"安装布局图"，单击右键→"新建"，单击"完整页名"右侧拓展按钮，修改"页名"为 3，单击"确定"，修改"页描述"为"柜门钻孔视图"，如图 4-2-13 所示，单击"确定"。

步骤二：单击"插入"→"图形"→"2D 钻孔视图"，在图样中，单击鼠标确定起点，拖拽鼠标，单击鼠标确定终点，弹出"钻孔视图"窗口，单击"基本组件"右侧拓展按钮，弹出"3D 对象选择"，选中"外部门"，单

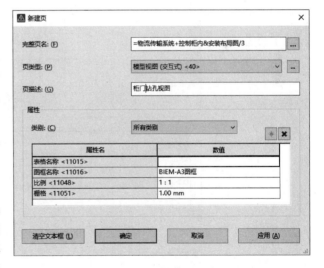

图 4-2-13 "新建页"窗口

击"确定"，单击比例设置下拉菜单，选中"适应"，如图 4-2-14 所示，单击"确定"。

步骤三：单击"工具"→"报表"→"生成"，弹出"报表"窗口，单击"新建"，弹出"确定报表"窗口，输出形式选中为"手动放置"，选择报表类型选中"切口图例"，勾选"当前页"和"手动选择"，单击"确定"，弹出"手动选择"窗口，在左侧窗口选中"3"，单击"向右推移"，将可使用的"3"设置为选定的，如图 4-2-15 所示，单击"确定"，单击"确定"，在图样合适的位置单击鼠标，插入切口图例。

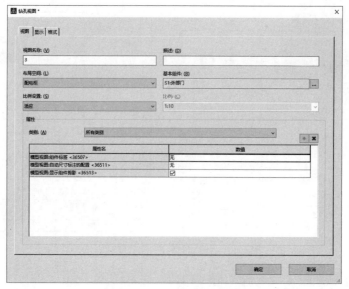

图 4-2-14 "钻孔视图"窗口

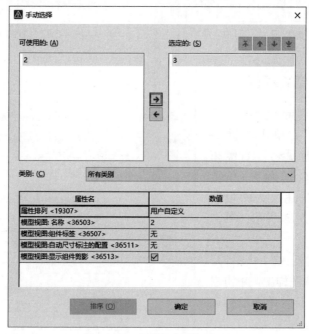

图 4-2-15 "手动选择"窗口

五、安装板布局设计

步骤一： 在"页导航器"中，选中"安装布局图"，单击右键→"新建"，单击"完整页名"右侧拓展按钮，修改"页名"为4，单击"确定"，修改"页描述"为"安装板布局设计视图"，如图 4-2-16 所示，单击"确定"。

步骤二： 单击"插入"→"图形"→"模型视图"，在图样中，单击鼠标确定起点，拖拽鼠标，单击鼠标确定终点，并弹出"模型视图"窗口，单击"基本组件"右侧拓展按钮，

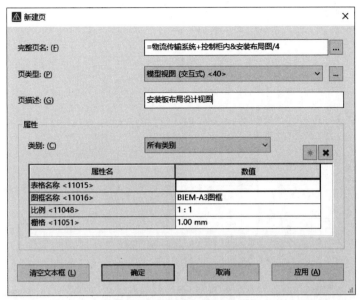

图 4-2-16 "新建页"窗口

弹出"3D 对象选择"窗口，选中"安装板正面"，单击"确定"，单击比例设置下拉菜单，选中"适应"；单击下方"模型视图：自动尺寸标注的配置"数值栏中拓展按钮，弹出"设置"窗口，单击配置下拉菜单，选中"电气工程"，单击"确定"，如图 4-2-17 所示，单击"确定"，完成安装板布局设计。

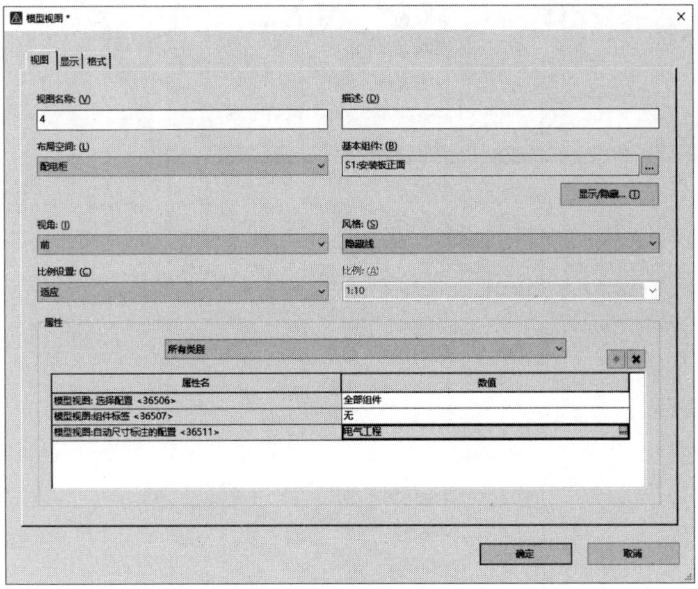

图 4-2-17 "模型视图"窗口

生成的"配电柜 3D 模型"如图 4-2-18 所示。

生成的"安装板钻孔视图"如图 4-2-19 所示。

生成的"柜门钻孔视图"如图 4-2-20 所示。

生成的"安装板布局设计视图"如图 4-2-21 所示。

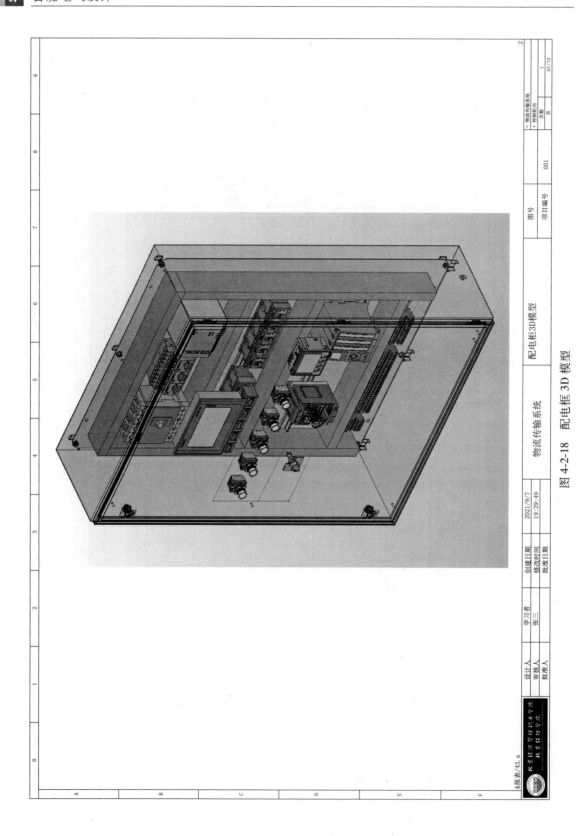

图 4-2-18 配电框 3D 模型

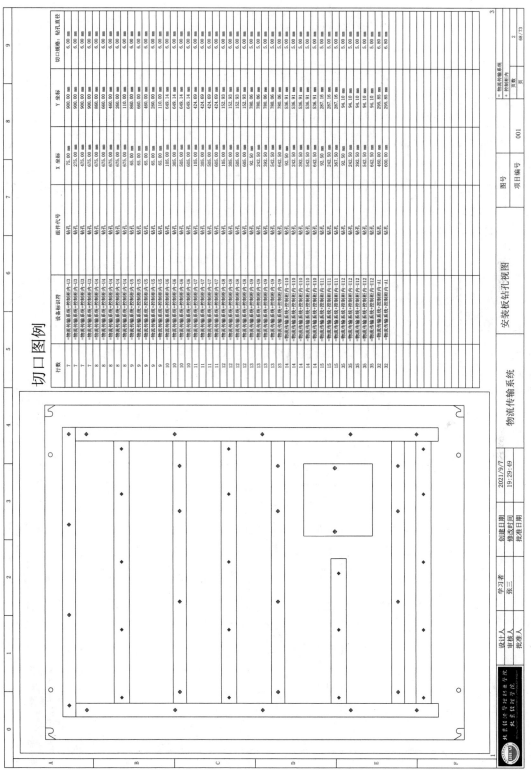

图 4-2-19　安装板钻孔视图

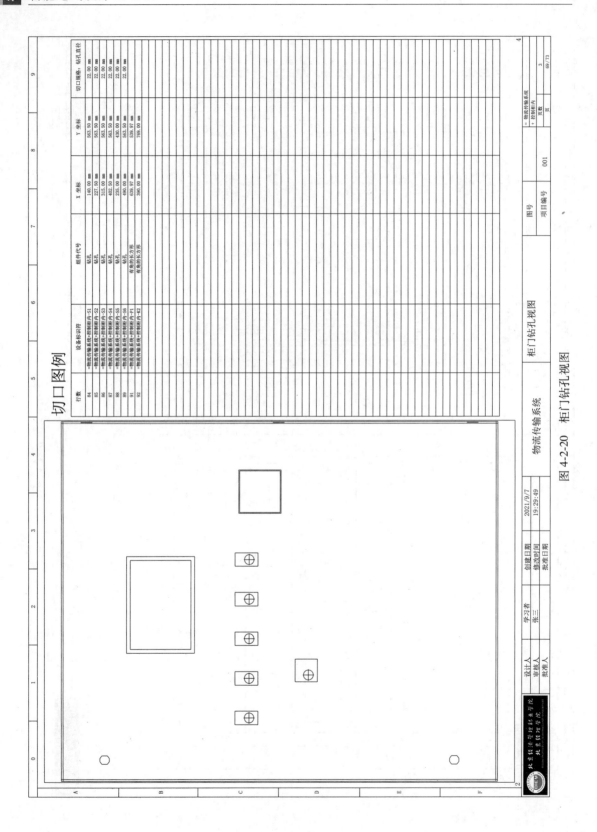

图 4-2-20 柜门钻孔视图

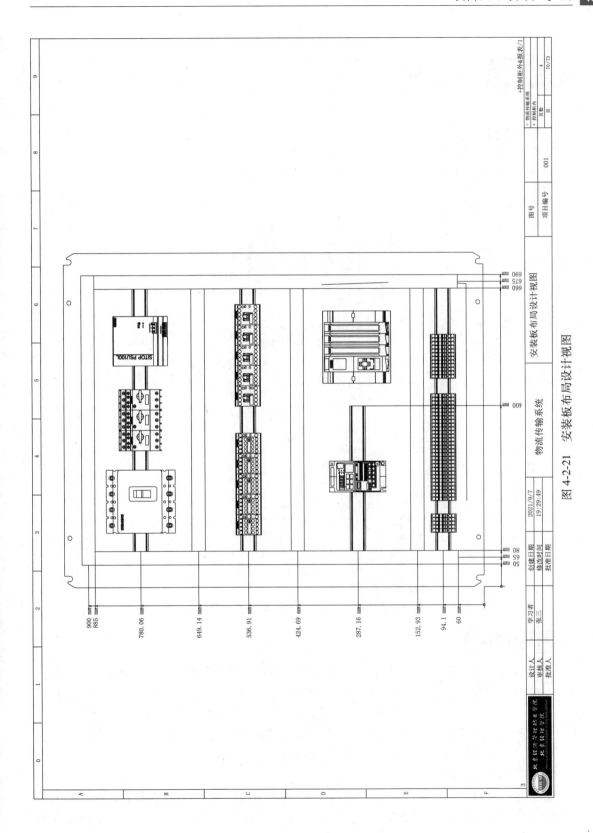

图 4-2-21 安装板布局设计视图

249

任务三　标签制作

【任务描述】

在任务二的基础上，根据需求标签，完成"物流传输系统"相关数据导出。

具体要求：

1）需求表格见表 4-3-1。

表 4-3-1　需求表格

公司名称			
部件编号	厂商	部件数量	单价

2）导出"物流传输系统"相关数据见表 4-3-2。

表 4-3-2　相关数据

公司名称 部件编号	北京经济管理职业学院		
	厂商	部件数量	单价
SIE. 6ES7590-1AB60-0AA0	Siemens	1	0
SIE. 3VL17021DA330AB1	Siemens	1	0
SIE. 6ES7512-1CK01-0AB0	Siemens	1	0
SIE. 6AV2123-2GA03-0AX0	Siemens	1	0
SIE. 3RT2015-1AP61		1	0
SIE. 3RH2122-1HB40	Siemens	4	0
SIE. 3RT2015-1AP04-3MA0		5	0
SIE. 7KM2111-1BA00-3AA0		1	0
SIE. 3RV2011-1AA15	Siemens	3	0
OMR. M22		5	0
OMR. A22NS-2BL-NGA-G112-NN/		1	0
SIE. 3SB3203-1CA21-0CC0	Siemens	1	0
SIE. 6EP1336-1LB00	Siemens AG	1	0
OMR. 3G3MX2-A2002-V1		1	0
RIT. 1016600	Rittal	1	0
RIT. 8800750	Rittal	6	0
RIT. 2313150	Rittal	4	0
PXC. 1004322	Phoenix Contact	3	1
PXC. 1201442		3	
PXC. 3030420		3	
SIE. 1TL0001-1DB3	Siemens	3	0

【术语解释】

为了在生产设备现场直观地识别设备和连接，有必要给设备和连接导出制造数据和贴上标签。例如，可在设备上贴上标签和标牌。标签和标牌上输出的信息直接从 EPLAN 获得：

组件和连接的所有标识性和描述性信息都可用于制造数据导出/标签；

可以用用户自定义的配置保存制造数据导出/标签输出设置，以便于再次使用；

供货范围内包括可以根据用户需求进行调整的预定义配置；

可选择输出语言；

输出形式可以是*. txt 和 Excel 文件。在每个配置中指定一个 Excel 模板，这样在输出后就能立即打开 Excel，新文件就能马上加载到 Excel。这样就可以在 Excel 表格中准备适合某一特定输出的表格。

根据在表头、标签和页脚选项卡中所选的格式元素，在单个列中填写数据。对此下列分配有效：

#H#代表表头选项卡的格式元素；

###代表标签选项卡的格式元素；

#F#代表页脚选项卡的格式元素。

数据在 Excel 中的出现顺序由配置中的设置确定。这时，格式元素从上到下从左到右生成报表。

注意：当已经选择了一个表头格式元素时，在模板中必须存在且仅存在一个"#H#"记录。

【技能操作】

一、制作 Excel 模版

双击计算机桌面 Excel 图标，打开 Excel 表格，在表格中输入公司名称，#H#；部件编号、厂商、部件数量、单价；###、###、###、###；调整表格宽度，合并表格，居中，如图 4-3-1 所示，保存到桌面，取名为"模板"。回到 EPLAN 软件。

图 4-3-1　制作 Excel 表格

二、创建标签

步骤一：单击"工具"→"制造数据"→"导出/标签"，如图 4-3-2 所示，弹出"导出制造数据/输出标签"窗口，单击"设置"下拉菜单，选中"部件汇总表"，单击右侧的拓展按钮，弹出"设置"窗口，选中"表头"选项卡，在左侧窗口中，选中"项目属性"，单击"向右推移"，弹出"属性"窗口，单击"类别"下拉菜单，选中"数据"，在下方窗口选中"公司名称"，如图 4-3-3 所示，单击"确定"，可看到右侧窗口中生成"项目属性（公司名称）"。

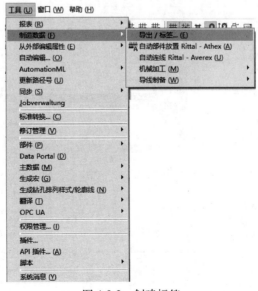

图 4-3-2　创建标签

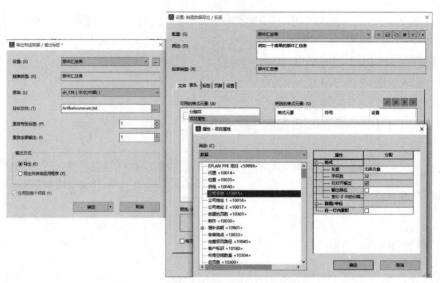

图 4-3-3　生成"项目属性（公司名称）"

步骤二：选中"标签"选项卡，在左侧窗口选中"部件"，单击"向右推移"，选中"部件编号"，单击"确定"，可看到右侧窗口生成"部件（部件编号）"；再单击"向右推移"，选中"购买价格/价格单位币种 1"，单击"确定"；在左侧窗口选中"部件参考"，单击"向右推移"，选中"总量（件数）"，单击"确定"；在左侧窗口选中"部件参考供应商"，单击"向右推移"，选中"全称"，单击"确定"。

步骤三：通过"向上移动""向下移动"，按照 Excel 表格项调整标签的顺序，部件编号、厂商、数量、单价，设置"每页输出的标签行数"为"999999"（6 个 9），如图 4-3-4 所示。

图 4-3-4　设置"每页输出的标签行数"

三、部件汇总表导出

步骤一： 新建一个 Excel 空表格，保存在计算机桌面，取名为"物流传输系统部件汇总标签"，关闭该表格，回到 EPLAN 软件。

步骤二： 在"设置"窗口中，选中"文件"选项卡，单击文件类型栏中下拉菜单，选中"Excel 文件"，单击模板右侧的拓展按钮，弹出"打开"窗口，选中制作好的"模板"Excel 文件，单击"打开"；单击目标文件栏右侧的拓展按钮，选中上一步制作好的"物流传输系统部件汇总标签"Excel 表格，单击"打开"，如图 4-3-5 所示，单击"确定"，选中输出方式中的"导出并启动应用程序"，勾选"应用到整个项目"，如图 4-3-6 所示，单击"确定"，弹出"提示"窗口，如图 4-3-7 所示，单击"是"，开始导出。

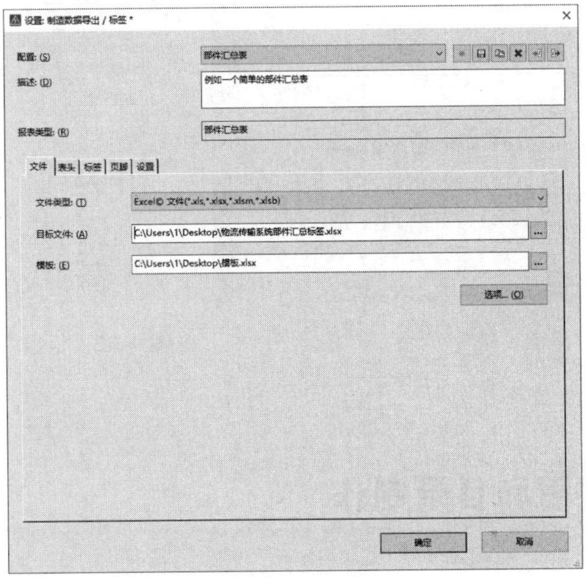

图 4-3-5 "打开"

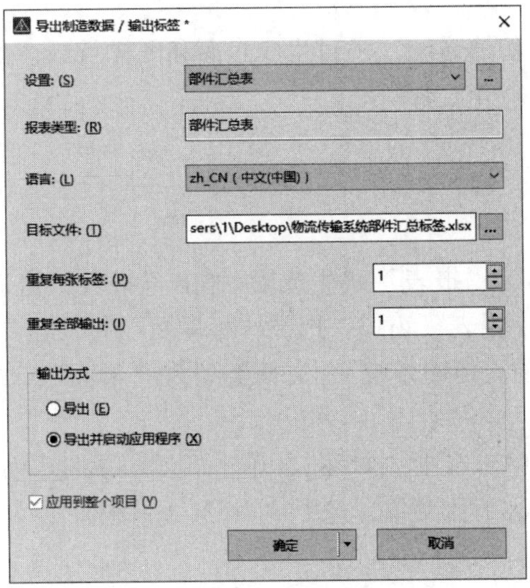

图 4-3-6 勾选"应用到整个项目"

四、导出文件查看

文件导出后，自动打开，可查看"物流传输系统部件汇总标签"表格中相应数据，根据内容，调整表格宽度，如图 4-3-8 所示。

完成本任务操作。

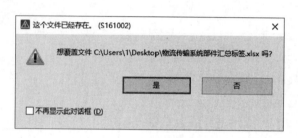

图 4-3-7　单击"是"

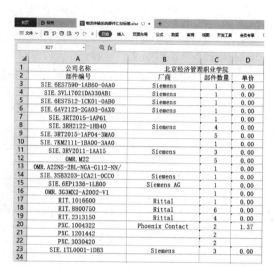

图 4-3-8　根据内容，调整表格宽度

任务四　封面和目录制作

【任务描述】

本任务要求为"物流传输系统"项目生成封面和图样目录，如图 4-4-1 所示。

【技能操作】

一、封面生成

步骤一：单击"工具"→"报表"→"生成"，弹出"报表"窗口，选中"报表"选项卡，单击"新建"，弹出"确定报表"窗口，选中"标题页/封页"，单击"确定"，再单击"确定"，设定高层代号为"物流传输系统"，文档类型为"封面"，如图 4-4-2 所示，单击"确定"，单击"关闭"。

步骤二：在页导航器中，选中"封面"，单击右键→属性，如图 4-4-3 所示，弹出"页属性"窗口，单击图框名称下拉菜单，选中"BIEM-A3 图框"，如图 4-4-4 所示，单击确定，生成封面，如图 4-4-5 所示。

图 4-4-1　"物流传输系统"项目封面和图样目录

255

目录

栏 X: —自动生成的页被数手工修改

F06_001

设计人	学习者	张三	创建日期	2021/9/7	物流传输系统	目录	:=物流传输系统+控制柜内&原理图/1 -
审核人			修改时间	10:06:59			=物流传输系统+控制柜内&报表/17.a
批准人			批准日期				=物流传输系统

页 1   75/77

1.a

图 4-4-1 "物流传输系统"项目封面和图样目录（续）

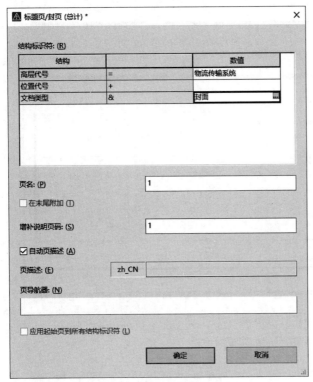

图 4-4-2 文档类型为"封面"

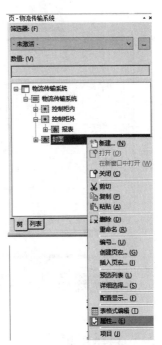

图 4-4-3 弹出"页属性"

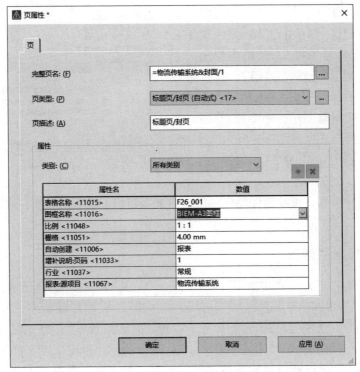

图 4-4-4 选中"BIEM-A3 图框"

图 4-4-5 生成封面

二、目录生成

步骤一： 继续在"报表"选项卡中，单击"新建"，弹出"确定报表"窗口，选中"目录"，单击"确定"，再单击"确定"，设定高层代号为"物流传输系统"，文档类型为"目录"，单击"确定"，单击"关闭"，在页导航器树结构中生成目录，如图 4-4-6 所示。

步骤二： 在页导航器中，选中"目录"，单击右键→属性，弹出"页属性"窗口，单击图框名称下拉菜单，选中"BIEM-A3 报表图框"，单击确定，完成目录生成。

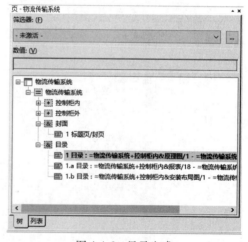

图 4-4-6 目录生成

任意打开目录页面，可看到标题栏页描述中文字超出了图框的限制，故需要对目录标题栏进行修改。

三、目录标题栏修改

步骤一： 单击"工具"→"主数据"→"图框"→"打开"，如图 4-4-7 所示，弹出"复制图框"窗口，选中"BIEM-A3 报表图框"，单击"打开"。在图形编辑中，双击"页描述"，弹出"属性"窗口，选中"格式"选项卡，勾选"激活位置框"，修正宽度为"113"，高度为"13.92"，行间距为"1.5 倍行距"，如图 4-4-8 所示，单击确定，如果"页描述"的位置框位置不合适，可以通过鼠标拖拽调整其位置；如果宽度和高度不合适，也可以选中

"页描述"，通过拖拽鼠标调整。

图 4-4-7 弹出"复制图框"窗口

图 4-4-8 标题栏修改

步骤二：在页导航中，选中"BIEM-A3 报表图框"，单击右键→关闭，单击"是"，完成目录标题栏修改，现在可看到目录标题栏页描述中的文字不会超出图框限制了，如图 4-4-9 所示。"物流传输系统"项目生成的图样目录如图 4-4-10~图 4-4-12 所示，本任务操作完成。

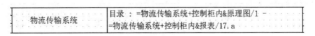

图 4-4-9 完成目录标题栏修改

目录

栏 X：自动生成的页被手工修改

页	页描述	增补字段	日期	编辑者	X
=物流传输系统+控制柜内&原理图/1	主电路				X
=物流传输系统+控制柜内&原理图/2	变频器及直流电源		2021/9/12	1	
=物流传输系统+控制柜内&原理图/3	继电器控制回路		2021/9/12	1	
=物流传输系统+控制柜内&原理图/4	PLC供电电路		2021/9/12	1	
=物流传输系统+控制柜内&原理图/5	PLC数字量输入电路		2021/9/12	1	
=物流传输系统+控制柜内&原理图/6	PLC数字量输出电路		2021/9/12	1	
=物流传输系统+控制柜内&原理图/7	HMI电源电路		2021/9/12	1	
=物流传输系统+控制柜内&报表/1	端子连接图	=物流传输系统+控制柜内-X1	2021/9/12	1	X
=物流传输系统+控制柜内&报表/2	端子连接图	=物流传输系统+控制柜内-X2	2021/9/12	1	X
=物流传输系统+控制柜内&报表/3	端子连接图	=物流传输系统+控制柜内-X2	2021/9/12	1	X
=物流传输系统+控制柜内&报表/4	端子连接图	=物流传输系统+控制柜内-X2	2021/9/12	1	X
=物流传输系统+控制柜内&报表/5	端子连接图	=物流传输系统+控制柜内-X3	2021/9/12	1	X
=物流传输系统+控制柜内&报表/6	PLC设备I/O表		2021/9/12	1	X
=物流传输系统+控制柜内&报表/7	导线连接		2021/9/12	1	X
=物流传输系统+控制柜内&报表/7.a	导线连接		2021/9/12	1	X
=物流传输系统+控制柜内&报表/7.b	导线连接		2021/9/12	1	X
=物流传输系统+控制柜内&报表/7.c	导线连接		2021/9/12	1	X
=物流传输系统+控制柜内&报表/8	设备连接图	=物流传输系统+控制柜内-F1	2021/9/12	1	X
=物流传输系统+控制柜内&报表/9	设备连接图	=物流传输系统+控制柜内-K1	2021/9/12	1	X
=物流传输系统+控制柜内&报表/9.a	设备连接图	=物流传输系统+控制柜内-K1	2021/9/12	1	X
=物流传输系统+控制柜内&报表/9.b	设备连接图	=物流传输系统+控制柜内-K1	2021/9/12	1	X
=物流传输系统+控制柜内&报表/9.c	设备连接图	=物流传输系统+控制柜内-K1	2021/9/12	1	X
=物流传输系统+控制柜内&报表/9.d	设备连接图	=物流传输系统+控制柜内-K2	2021/9/12	1	X
=物流传输系统+控制柜内&报表/10	设备连接图	=物流传输系统+控制柜内-K2	2021/9/12	1	X
=物流传输系统+控制柜内&报表/11	设备连接图	=物流传输系统+控制柜内-KA	2021/9/12	1	X
=物流传输系统+控制柜内&报表/12	设备连接图	=物流传输系统+控制柜内-KA1	2021/9/12	1	X
=物流传输系统+控制柜内&报表/13	设备连接图	=物流传输系统+控制柜内-KA2	2021/9/12	1	X
=物流传输系统+控制柜内&报表/14	设备连接图	=物流传输系统+控制柜内-KA3	2021/9/12	1	X
=物流传输系统+控制柜内&报表/15	设备连接图	=物流传输系统+控制柜内-KA4	2021/9/12	1	X
=物流传输系统+控制柜内&报表/16	设备连接图	=物流传输系统+控制柜内-KM1	2021/9/12	1	X
=物流传输系统+控制柜内&报表/16.a	设备连接图	=物流传输系统+控制柜内-KM1	2021/9/12	1	X
=物流传输系统+控制柜内&报表/17	设备连接图	=物流传输系统+控制柜内-KM2	2021/9/12	1	X
=物流传输系统+控制柜内&报表/17.a	设备连接图	=物流传输系统+控制柜内-KM2	2021/9/12	1	X

标题栏

设计人	学习者	张三	创建日期	2021/9/7	物流传输系统	=物流传输系统	目录：=物流传输系统+控制柜内&原理图/1	F06_001
审核人			修改时间	10:06:59			=物流传输系统+控制柜内&报表/17.a	
批准人			批准日期		图样目录	图样目录		页数 75/77

1.a

图 4-4-10　图样目录一

目录

页	页描述	补充页字段	栏 x:一自动生成的页被手工修改	日期	编辑者	
=物流传输系统+控制柜内&报表/18	设备连接图	=物流传输系统+控制柜内−KM3		2021/9/12	1	X
=物流传输系统+控制柜内&报表/18.a	设备连接图	=物流传输系统+控制柜内−KM3		2021/9/12	1	X
=物流传输系统+控制柜内&报表/19	设备连接图	=物流传输系统+控制柜内−KM4		2021/9/12	1	X
=物流传输系统+控制柜内&报表/19.a	设备连接图	=物流传输系统+控制柜内−KM4		2021/9/12	1	X
=物流传输系统+控制柜内&报表/20	设备连接图	=物流传输系统+控制柜内−KM5		2021/9/12	1	X
=物流传输系统+控制柜内&报表/20.a	设备连接图	=物流传输系统+控制柜内−KM5		2021/9/12	1	X
=物流传输系统+控制柜内&报表/21	设备连接图	=物流传输系统+控制柜内−P1		2021/9/12	1	X
=物流传输系统+控制柜内&报表/22	设备连接图	=物流传输系统+控制柜内−Q1		2021/9/12	1	X
=物流传输系统+控制柜内&报表/23	设备连接图	=物流传输系统+控制柜内−Q2		2021/9/12	1	X
=物流传输系统+控制柜内&报表/23.a	设备连接图	=物流传输系统+控制柜内−Q2		2021/9/12	1	X
=物流传输系统+控制柜内&报表/24	设备连接图	=物流传输系统+控制柜内−Q3		2021/9/12	1	X
=物流传输系统+控制柜内&报表/24.a	设备连接图	=物流传输系统+控制柜内−Q3		2021/9/12	1	X
=物流传输系统+控制柜内&报表/25	设备连接图	=物流传输系统+控制柜内−S1		2021/9/12	1	X
=物流传输系统+控制柜内&报表/26	设备连接图	=物流传输系统+控制柜内−S2		2021/9/12	1	X
=物流传输系统+控制柜内&报表/27	设备连接图	=物流传输系统+控制柜内−S3		2021/9/12	1	X
=物流传输系统+控制柜内&报表/28	设备连接图	=物流传输系统+控制柜内−S4		2021/9/12	1	X
=物流传输系统+控制柜内&报表/29	设备连接图	=物流传输系统+控制柜内−S5		2021/9/12	1	X
=物流传输系统+控制柜内&报表/30	设备连接图	=物流传输系统+控制柜内−S6		2021/9/12	1	X
=物流传输系统+控制柜内&报表/31	设备连接图	=物流传输系统+控制柜内−S7		2021/9/12	1	X
=物流传输系统+控制柜内&报表/32	设备连接图	=物流传输系统+控制柜内−T1		2021/9/12	1	X
=物流传输系统+控制柜内&报表/33	设备连接图	=物流传输系统+控制柜内−U1		2021/9/12	1	X
=物流传输系统+控制柜内&报表/33.a	设备连接图	=物流传输系统+控制柜内−U1		2021/9/12	1	X
=物流传输系统+控制柜内&报表/34	设备连接图	=物流传输系统+控制柜外−M1		2021/9/12	1	X
=物流传输系统+控制柜内&报表/35	设备连接图	=物流传输系统+控制柜外−M2		2021/9/12	1	X
=物流传输系统+控制柜内&报表/36	设备连接图	=物流传输系统+控制柜外−M3		2021/9/12	1	X
=物流传输系统+控制柜内&报表/37	设备连接图	=物流传输系统+控制柜外−S8		2021/9/12	1	X
=物流传输系统+控制柜内&报表/38	设备连接图	=物流传输系统+控制柜外−S9		2021/9/12	1	X
=物流传输系统+控制柜内&报表/39	设备连接图	=物流传输系统+控制柜外−S10		2021/9/12	1	X
=物流传输系统+控制柜内&报表/40	设备连接图	=物流传输系统+控制柜外−S11		2021/9/12	1	X
=物流传输系统+控制柜内&报表/41	设备连接图	=物流传输系统+控制柜外−S12		2021/9/12	1	X
=物流传输系统+控制柜内&报表/42	设备连接图	=物流传输系统+控制柜外−S12		2021/9/12	1	X
=物流传输系统+控制柜内&报表/43	部件清单	=物流传输系统+控制柜外−S13		2021/9/12	1	X
=物流传输系统+控制柜内&报表/43.a	部件清单			2021/9/12	1	X

设计人	学习者	创建日期	2021/9/7	物流传输系统	目录 :=物流传输系统+控制柜内&报表/18 −
审核人	张三	修改时间	10:06:59		=物流传输系统+控制柜内&报表/43.a
批准人		批准日期			

	物流传输系统	F06_001
	页数	1.a
	页	76/77

1.b

图 4-4-11　图样目录二

261

智能电气设计 EPLAN

目 录

页	页描述						增补页字段	栏 X—自动生成的页被手工修改		编辑者	F06_001
								日期		
=物流传输系统+控制柜内&安装表布局图/1	配电柜3D模型										X
=物流传输系统+控制柜内&安装表布局图/2	安装板钻孔视图							2021/9/12	1	
=物流传输系统+控制柜内&安装表布局图/3	柜门钻孔视图							2021/9/12	1	
=物流传输系统+控制柜内&安装表布局图/4	安装板布局设计视图							2021/9/12	1	
=物流传输系统+控制柜外&报表/1	电缆连接图 =物流传输系统+控制柜外-W1							2021/9/12	1	X
=物流传输系统+控制柜外&报表/2	电缆连接图 =物流传输系统+控制柜外-W2							2021/9/12	1	X
=物流传输系统+控制柜外&报表/3	电缆连接图 =物流传输系统+控制柜外-W3							2021/9/12	1	X
=物流传输系统&封面页	标题页&封面							2021/9/13	1	X
=物流传输系统&目录/1	目录：=物流传输系统+控制柜内&原理图/1 —=物流传输系统+控制柜内&报表/17.a							2021/9/13	1	
=物流传输系统&目录/1.a	目录：=物流传输系统+控制柜内&报表/18 —=物流传输系统+控制柜内&报表/43.a							2021/9/13	1	
=物流传输系统&目录/1.b	目录：=物流传输系统+控制柜内&安装表布局图/1 —=物流传输系统&目录/1.b							2021/9/13	1	

图 4-4-12 图样目录三

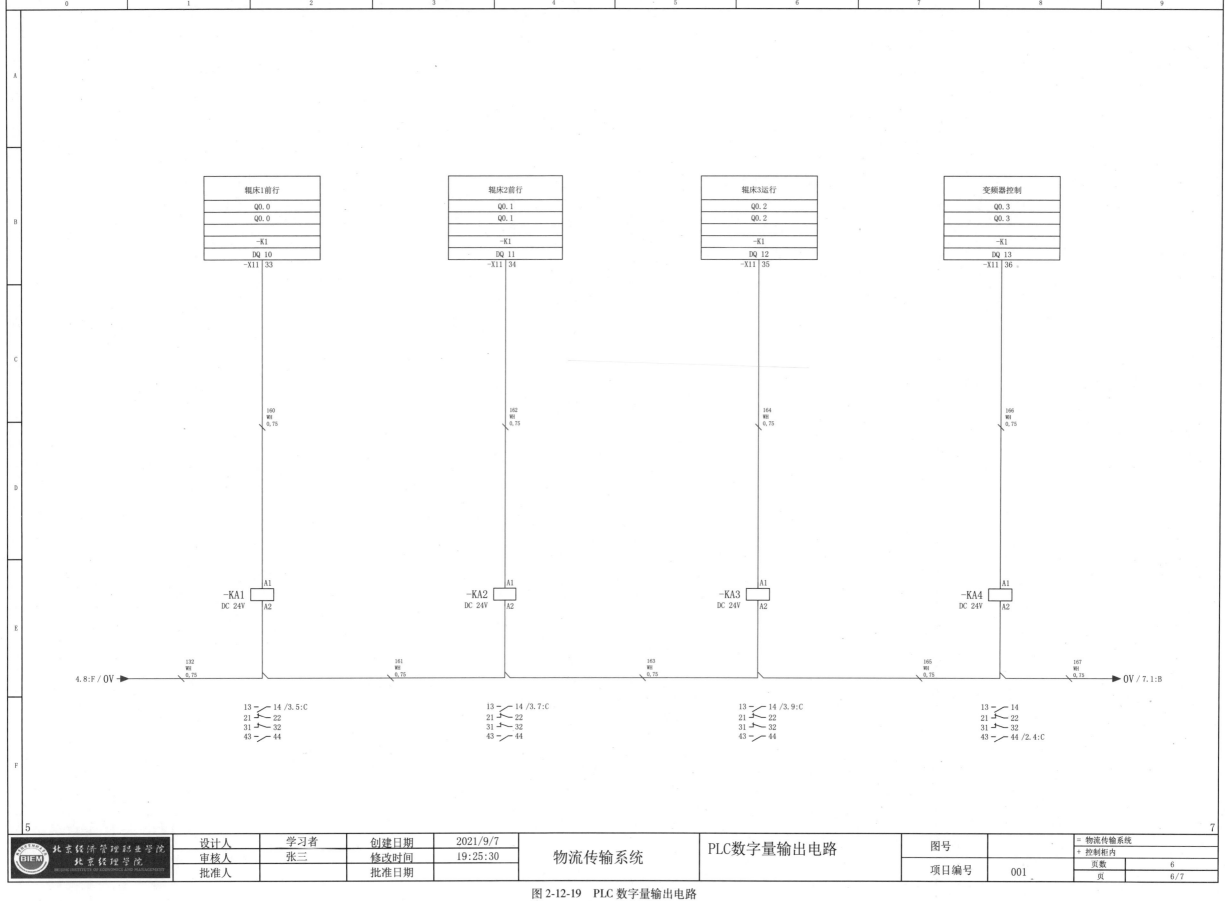

辊床1前行		辊床2前行		辊床3运行		变频器控制
Q0.0		Q0.1		Q0.2		Q0.3
Q0.0		Q0.1		Q0.2		Q0.3
-K1		-K1		-K1		-K1
DQ 10		DQ 11		DQ 12		DQ 13
-X11 33		-X11 34		-X11 35		-X11 36

160 WH 0,75   162 WH 0,75   164 WH 0,75   166 WH 0,75

A1
-KA1 DC 24V A2

A1
-KA2 DC 24V A2

A1
-KA3 DC 24V A2

A1
-KA4 DC 24V A2

132 WH 0,75   161 WH 0,75   163 WH 0,75   165 WH 0,75   167 WH 0,75

4.8:F / 0V ▶   ▶ 0V / 7.1:B

13 — 14 /3.5:C   13 — 14 /3.7:C   13 — 14 /3.9:C   13 — 14
21 — 22   21 — 22   21 — 22   21 — 22
31 — 32   31 — 32   31 — 32   31 — 32
43 — 44   43 — 44   43 — 44   43 — 44 /2.4:C

	设计人	学习者	创建日期	2021/9/7	物流传输系统	PLC数字量输出电路	图号		= 物流传输系统
北京经济管理职业学院 北京经理学院 BEIJING INSTITUTE OF ECONOMICS AND MANAGEMENT	审核人	张三	修改时间	19:25:30					+ 控制柜内
	批准人		批准日期				项目编号	001	页数 6
									页 6/7

图 2-12-19 PLC 数字量输出电路

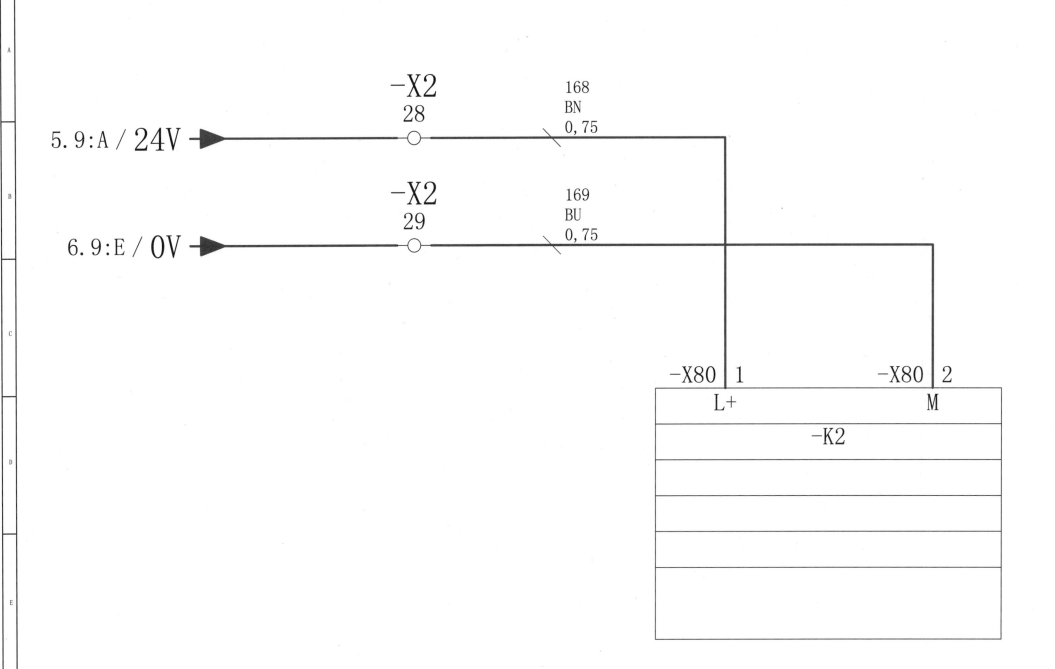

5.9:A / 24V

-X2
28

168
BN
0,75

6.9:E / 0V

-X2
29

169
BU
0,75

-X80 1

-X80 2

L+

M

-K2

北京经济管理职业学院 北京经理学院 BEIJING INSTITUTE OF ECONOMICS AND MANAGEMENT	设计人	学习者	创建日期	2021/9/7	物流传输系统	HMI电源电路	图号		= 物流传输系统
	审核人	张三	修改时间	19:25:30					+ 控制柜内
								页数	7
	批准人		批准日期				项目编号	001	页	7/7

图 2-12-20　HMI 电源电路

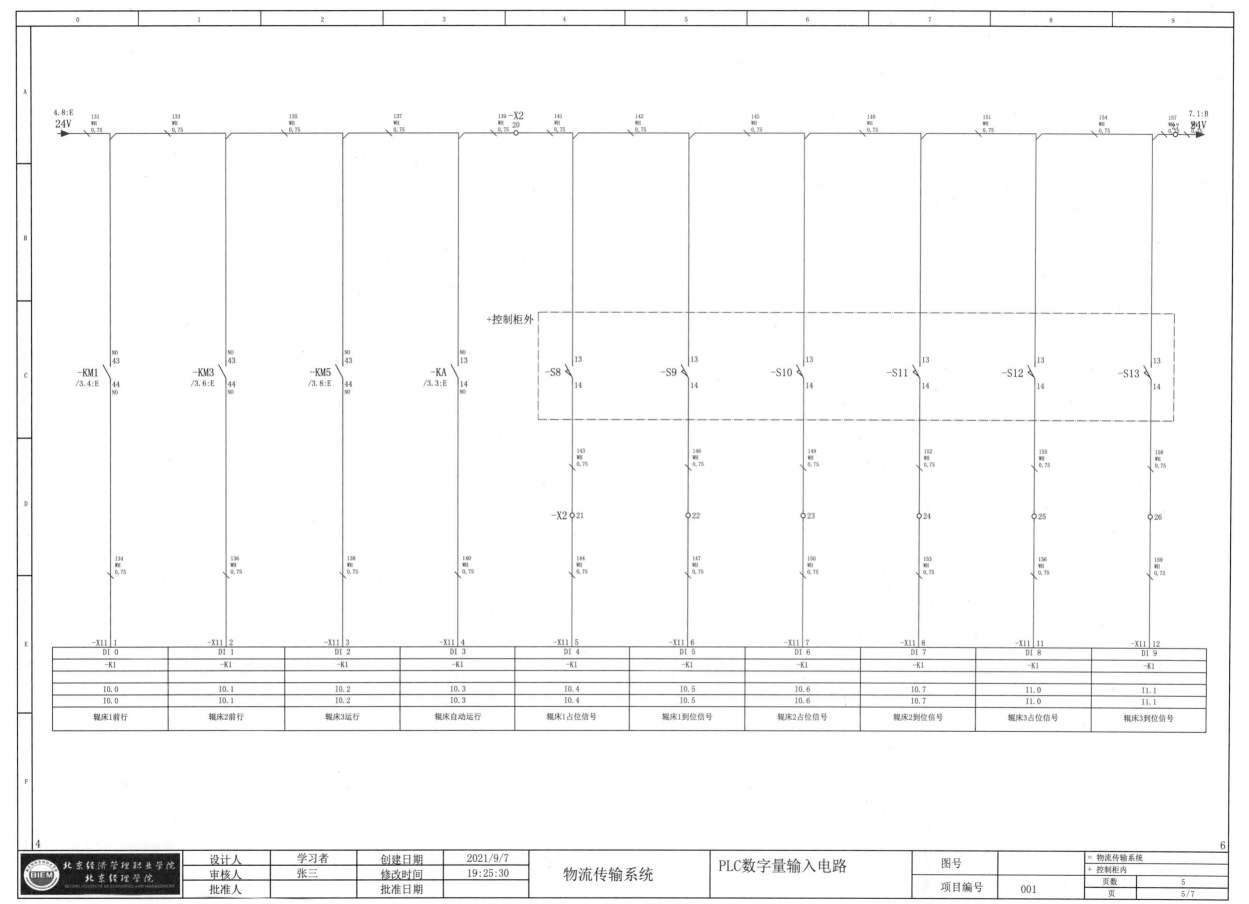

图 2-12-18　PLC 数字量输入电路

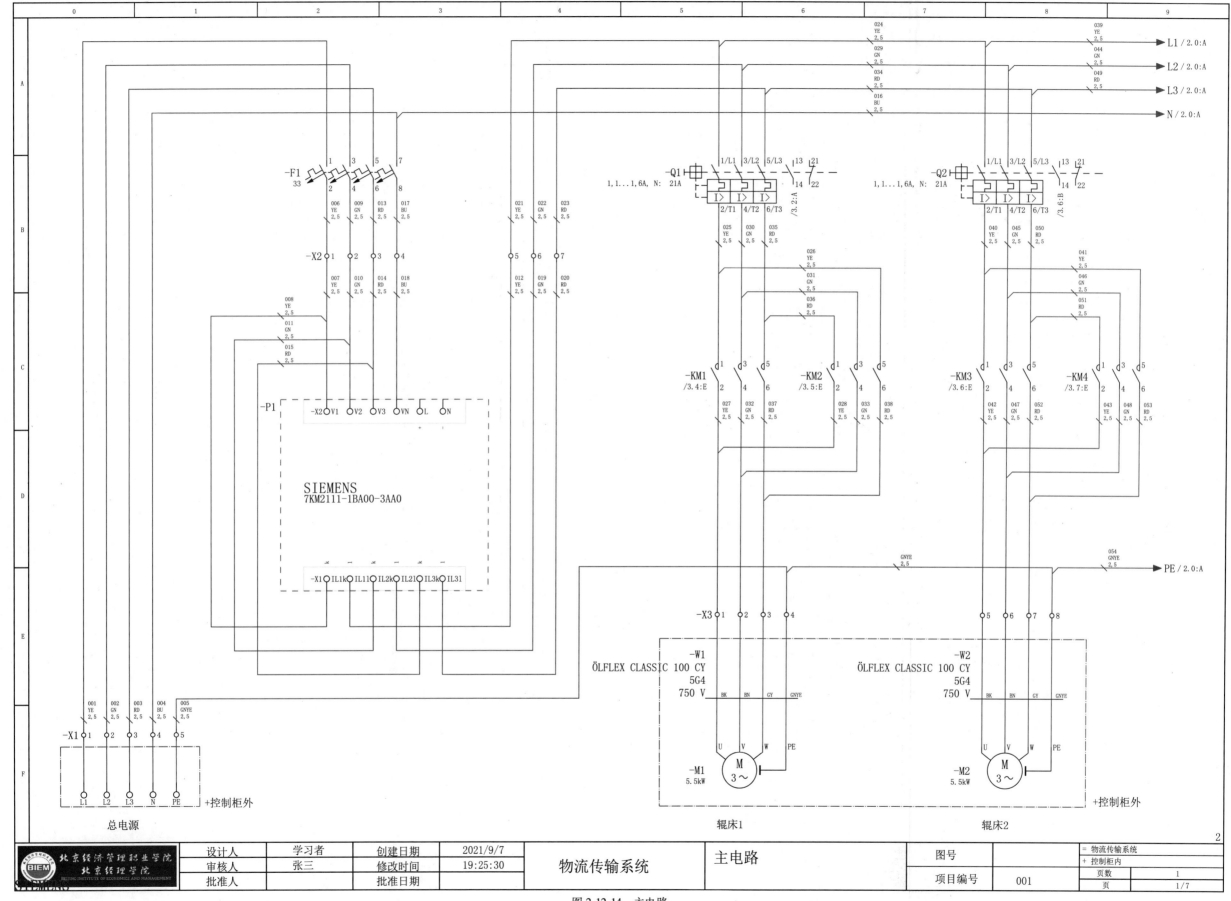

图 2-12-14　主电路

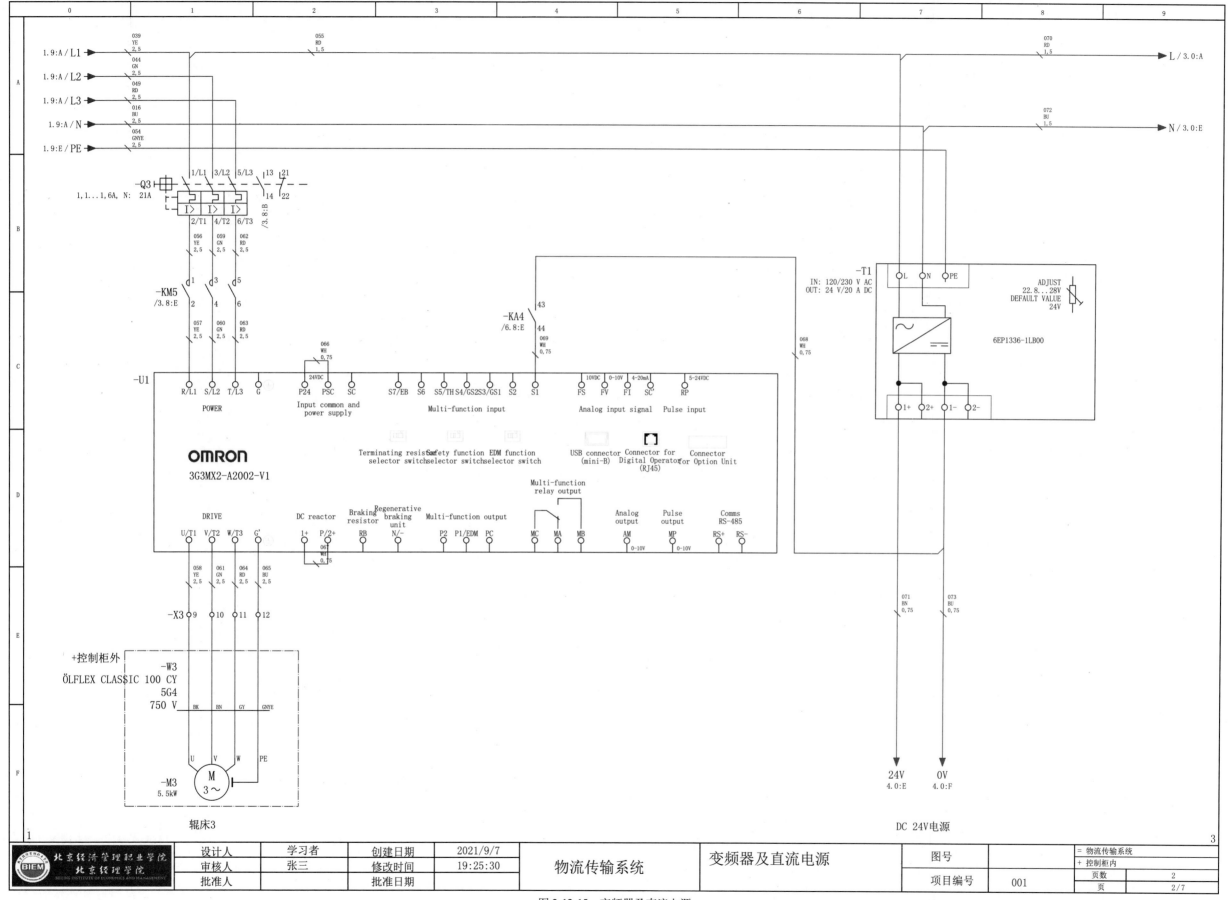

图 2-12-15 变频器及直流电源

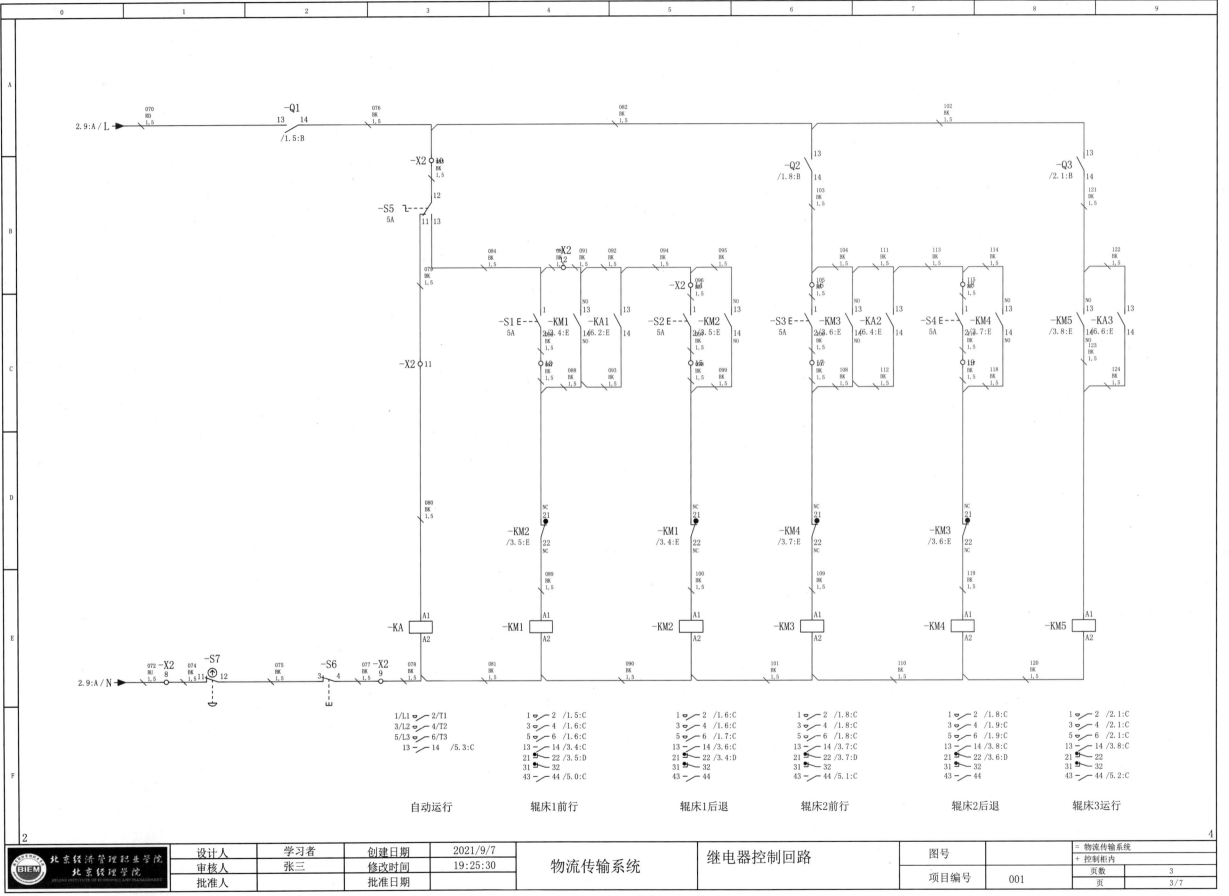

图 2-12-16 继电器控制回路